全国专业技术人员新职业培训教程

物联网工程技术人员

物联网基础知识

人力资源社会保障部专业技术人员管理司　组织编写

中国人事出版社

图书在版编目（CIP）数据

物联网工程技术人员：物联网基础知识/人力资源社会保障部专业技术人员管理司组织编写. --北京：中国人事出版社，2023

全国专业技术人员新职业培训教程

ISBN 978-7-5129-1795-8

Ⅰ.①物… Ⅱ.①人… Ⅲ.①物联网-程序设计-技术培训-教材 Ⅳ.①TP393.4 ②TP18

中国国家版本馆CIP数据核字（2023）第027575号

中国人事出版社出版发行

（北京市惠新东街1号 邮政编码：100029）

*

保定市中画美凯印刷有限公司印刷装订 新华书店经销

787毫米×1092毫米 16开本 16.5印张 249千字

2023年3月第1版 2023年3月第1次印刷

定价：42.00元

营销中心电话：400-606-6496

出版社网址：http://www.class.com.cn

版权专有 侵权必究

如有印装差错，请与本社联系调换：（010）81211666

我社将与版权执法机关配合，大力打击盗印、销售和使用盗版图书活动，敬请广大读者协助举报，经查实将给予举报者奖励。

举报电话：（010）64954652

本书编委会

指导委员会

主　　任：梅　宏

副 主 任：左仁贵

委　　员：陈继欣　郑　磊　丁恩杰　金　莹　郑轶群　张　晖　周治平

编审委员会

总 编 审：谭志彬

副总编审：邓　立　林金龙　咸汝平

主　　编：陈　旭

副 主 编：龚玉涵　王欣欣　赵　静

编写人员：蔡　敏　王孝军　安　健　张志宏　李万臣　孔英会　李　骏
　　　　　钱玉文　田宏伟　杨巨成　罗志聪　吴　伟

主审人员：黄　郝　王甜甜

出版说明

当今世界正经历百年未有之大变局，我国正处于实现中华民族伟大复兴关键时期。在全球经济低迷，我国加快形成以国内大循环为主体、国内国际双循环相互促进的新发展格局背景下，数字经济发挥着提振经济的重要作用。党的十九届五中全会提出，要发展战略性新兴产业，推动互联网、大数据、人工智能等同各产业深度融合，推动先进制造业集群发展，构建一批各具特色、优势互补、结构合理的战略性新兴产业增长引擎。"十四五"期间，数字经济将继续快速发展、全面发力，成为我国推动高质量发展的核心动力。

近年来，人工智能、物联网、大数据、云计算、数字化管理、智能制造、工业互联网、虚拟现实、区块链、集成电路等数字技术领域新职业不断涌现，这些新职业从业人员通过不断学习与探索，将推动科技创新、释放巨大能量，推动人们生产生活方式智能化、智慧化、数字化，推动传统产业转型升级，为经济高质量发展注入强劲活力。我国在技术、消费与应用领域具备数字经济创新领先优势，但还存在数字技术人才供给缺口较大、关键核心技术领域自主创新能力不足、数字经济与实体经济融合的深度和广度不够等问题。发展数字经济，推进数字产业化和产业数字化，推动数字经济和实体经济深度融合，急需培育壮大数字技术工程师队伍。

人力资源社会保障部会同有关行业主管部门将陆续制定颁布数字技术领域国家职业标准，坚持以职业活动为导向、以专业能力为核心，遵循人才成长规律，对从业人员的理论知识和专业能力提出综合性引导性培养标准，为加快培育数字技术人才提供基本依据。根据《人力资源社会保障部办公厅关于加强新职业培训工作的通知》(人社厅发〔2021〕28号)要求,为提高新职业培训的针对性、有效性,进一步发挥新职业培训促进更好就业的作用,人力资源社会保障部专业技术人员管理司组织相关领域的专家学者编写了全国专业技术人员新职业培训教程,供相关领域开展新职业培训使用。

本系列教程依据相应国家职业标准和培训大纲编写,划分初级、中级、高级三个等级,有的职业划分若干职业方向。教程紧贴数字技术人员职业活动特点,定位于全国平均水平,且是相关数字技术人员经过继续教育或岗位实践能够达到的水平,突出该职业领域的核心理论知识、主流技术及未来发展要求,为教学活动和培训考核提供规范和引导,将帮助广大有意或正在从事数字技术职业人员改善知识结构、掌握数字技术、提升创新能力。

希望本系列教程的出版,能够在加强数字技术人才队伍建设、推动数字经济快速发展中发挥支持作用。

目 录

第一章 职业基础知识 ········· 001
第一节 职业概述 ········· 003
第二节 职业道德知识 ········· 009
第三节 相关法律法规知识 ········· 013

第二章 基础理论知识 ········· 033
第一节 计算机组成 ········· 035
第二节 操作系统 ········· 047
第三节 计算机网络 ········· 064
第四节 云计算、大数据和人工智能 ········· 082
第五节 软件工程 ········· 103
第六节 信息安全和物联网安全 ········· 119

第三章 技术基础知识 ········· 137
第一节 射频识别和编码标识 ········· 139
第二节 位置与时间知识 ········· 152
第三节 物联网技术及体系结构知识 ········· 163
第四节 物联网协议和标准知识 ········· 176
第五节 物联网工程实施与运维知识 ········· 197

第四章 数字技术知识 …………………… 217
第一节 分布式数据存储 ………………… 219
第二节 数据挖掘与建模技术 …………… 228
第三节 机器学习技术 …………………… 241

参考文献 ………………………………… 251

后记 ……………………………………… 253

第一章
职业基础知识

近年来，物联网技术快速发展并深入应用在各产业领域，物联网和全球经济发展逐渐密不可分。在我国，物联网技术已在智能制造、智能家居、智慧农业、智能交通和智慧医疗等领域得到较好应用，未来还将发挥更大的作用。由于物联网技术前景广阔、适用范围广，市场对物联网工程技术人才的需求也日渐增长。市场需要大量具备底层技术研究、软硬件系统研发、项目规划实施、系统运维管理等各项专业技术技能的物联网工程技术人才，以驱动产业持续高速发展。

第一节 职业概述

本节首先对物联网工程技术人员的职业功能进行讲解，包括职业定义、专业技术等级、主要工作任务和职业发展通道；其次对物联网工程技术人员的行业概况进行讲解，包括就业人群分析和市场需求；再次对国家职业标准进行讲解，包括国家职业标准概念、国家职业标准基本结构和主要内容、国家职业标准的导向作用；最后对职业教育进行讲解，包括职业教育法和职业教育标准体系。

考核知识点及能力要求：

- 了解物联网工程技术人员的职业定义。
- 了解联网工程技术人员的职业发展通道。
- 了解国家职业标准基本结构与主要内容。

一、职业功能

（一）职业定义

物联网工程技术人员是指从事物联网架构、平台、芯片、传感器、智能标签等技术的研究和开发，以及物联网工程的设计、测试、维护、管理和服务的工程技术人员，是能够系统地掌握物联网的相关理论、方法和技能且具备通信技术、网络技术、传感技术等信息领域宽广的专业知识的高级工程技术人才。

物联网工程技术人员职业能力特征：具有较强的学习能力、研究能力、规划能力、设计能力、开发能力、维护及服务能力。

（二）专业技术等级

物联网工程技术人员共设三个等级，分别为初级、中级、高级。初级、中级分为三个职业方向：物联网嵌入式开发方向、物联网应用开发方向、物联网系统集成与管理方向；高级不分职业方向。

（三）主要工作任务

物联网工程技术人员主要的工作任务如下：

（1）研究、应用物联网技术、体系结构、协议和标准。

（2）研究、设计、开发物联网专用芯片及软硬件系统。

（3）规划、研究、设计物联网解决方案。

（4）规划、设计、集成、部署物联网系统并指导工程实施。

（5）安装、调测、维护并保障物联网系统的正常运行。

（6）监控、管理和保障物联网系统安全。

（7）提供物联网系统的技术咨询和技术支持。

（四）职业发展通道

智能制造业、智慧农业、智能家居、智能交通与车联网、智能物流以及消费者物联网产业等都是物联网人才的重点需求领域。我国物联网技术处于高速发展期，随着物联网技术逐步成熟，进入大规模应用阶段，研发型人才的比例正在逐渐降低，技术型和技能型人才的比例高速提升。根据工作任务分类，市场上物联网工程技术人员的职业发展通道主要有以下四个方向：

（1）研究型岗位：工作内容主要是底层软硬件技术的研究。

（2）研发型岗位：工作内容主要是负责物联网软硬件系统的开发。

（3）技术型岗位：工作内容主要是负责物联网系统规划、设计、集成、技术咨询。

（4）技能型岗位：工作内容主要是系统部署实施、运维管理等技术支持服务。

按以上描述次序，四个方向岗位的比例预测约为1∶4∶6∶9。

二、行业概况

（一）就业人群分析

当前我国物联网工程技术从业人员已经超过 200 万人，遍布在全国的一二三线城市，从事物联网相关的技术研究、系统开发、规划实施、运维管理等工作。

1. 行业分析

就行业分布而言，计算机软件、新能源、电子、通信等行业是物联网人才需求的主要领域。国内一些较早布局物联网产业的企业拥有大量的物联网工程技术人员，其中就包括从事物联网底层技术的研究型人才，以及产品研发型人才。随着产业技术在传统领域的应用和发展，在工业、农业、家居、物流等细分领域诞生了众多中小型企业，它们对物联网工程技术人才的需求也与日俱增，提供了许多项目规划设计、系统实施运维等技术技能型就业岗位。

2. 年龄分布

就年龄层次而言，物联网工程技术人员的年龄主要集中在 23~40 岁，该年龄段的从业人员占从业人员总数的 90% 以上，总体结构呈现年轻化态势。其中：从事底层技术研究的岗位因对于学历、工作经验等有比较硬性的门槛要求，从业人员的年龄普遍集中在 33~40 岁；而研发型、技术技能型岗位的从业人员年龄则集中在 23~35 岁。

3. 学历分析

从学历构成来看，企业招聘岗位的学历要求多定位在本科，其次是研究生和大专。从事底层技术研究的人员招聘主要集中在行业领军企业，市场招聘需求量小，这类人才以博士研究生、硕士研究生为主，本科学生较少；而从事物联网系统研发、规划、设计、实施部署的人员主要是来自本科院校物联网及其相关专业毕业的学生。同时，随着物联网技术的快速应用与推广，不少企业开始吸收越来越多的职业院校学生到物联网系统实施运维等岗位工作。

4. 所在企业规模

从就业企业性质来看，物联网工程技术人员的去向多数为民营企业，约占四成，其次是国有企业,而外资企业或中外合资企业以及混合所有制企业等占比相对较小。随着相关政策的出台及资金投入的加大,国有企业的岗位也将有所增加。此外,包含自由职业、自主创业在内的其他行业就业人数占比为31.9%,充分体现了"大众创业、万众创新"的就业趋势。

5. 就业地域分析

当前中国物联网产业主要采取重点地区率先试点,其他地区逐步跟进的模式来推动行业发展。因此,物联网工程技术人员的就业地域以一线、二线城市等经济发达地区为主。随着产业的快速发展,尤其是5G技术在多个城市展开试点工作,很多二线、三线城市也在积极布局物联网产业试点规划,物联网工程技术人员的就业形势越来越好。

(二)市场需求

不久的将来,全球物联网市场规模将出现快速增长。业内人士预计,今后十年,全球物联网将实现大规模普及,年均复合增速将保持在20%左右,到2023年全球物联网市场规模有望达到2.8万亿美元左右。《"十三五"国家战略性新兴产业发展规划》中明确指出,实施网络强国战略,加快建设"数字中国",推动物联网、云计算和人工智能等技术向各行业全面融合渗透,构建万物互联、融合创新、智能协同、安全可控的新一代信息技术产业体系,推动基于现有各类通信网络实现物联网集约部署。

加快发展物联网产业不仅是提升我国信息产业核心竞争力、发展创新型经济的战略选择,也是改造提升传统产业、促进两化融合、提升社会信息化水平的重要抓手,对经济发展和社会生活都将产生深远影响。但目前,我国高素质的物联网技术人才短缺正在成为制约我国信息网络产业快速发展的瓶颈,因此,培养与国际接轨的高素质物联网技术人才,为工业化与信息化融合服务,已成为两化融合过程中的一项重要工作。

目前许多本科院校及职业院校已开设了物联网相关专业,并加大专业建设投入,提升物联网人才培养的质量。同时市场对物联网人才的需求量越来越大。有调查显示,未来五年物联网行业人才需求缺口总量超过1 600万人,物联网工程技术人员将拥有非常广阔的就业前景。

三、国家职业标准

（一）国家职业标准概念

按照标准化对象，通常把标准分为技术标准、管理标准和工作标准三大类。工作标准是指对工作的责任、权利、范围、质量、程序、效果及检查方法和考核办法所制定的标准，一般包括部门工作标准和岗位（个人）工作标准。

国家职业标准属于工作标准。国家职业标准是在职业分类的基础上，根据职业（工种）的活动内容，对从业人员工作能力水平的规范性要求。它是从业人员从事职业活动，接受职业教育培训和职业技能鉴定以及用人单位录用、使用人员的基本依据。国家职业标准由人力资源和社会保障部组织制定并统一颁布。

（二）国家职业标准基本结构和主要内容

国家职业标准由职业概况、基本要求、工作要求和权重表四部分组成。其中工作要求是国家职业标准的核心部分。

职业概况是对本职业基本情况的描述，包括职业名称、职业编码、职业定义、专业技术等级、职业环境条件、职业能力特征、培训要求、专业技术考核要求 8 项内容。

（三）国家职业标准的导向作用

国家职业标准在整个国家职业资格体系中起着重要的导向作用。它引导职业教育培训、鉴定考核、技能竞赛等活动，其举足轻重的地位现在越来越呈现出来。一个统一的、符合劳动力市场需求和企业发展目标的职业标准体系，对于开展国民教育，提高广大劳动者素质，促进就业，加强人力资源科学化、规范化和现代化管理都将起到重要作用。

职业标准是职业教育培训课程开发的依据。国家职业标准通过工作分析方法，描述了胜任各种职业所需的能力，反映了企业和用人单位的用人要求。职业教育和职业培训的课程按照国家职业标准进行设置，能够摆脱"学科本位教育"重理论、轻实践，重知识、轻技能和重学业文凭、轻职业资格证书的做法，保证职业教育密切结合生产和工作的需要，使更多的受教育者和培训对象的职业技能与就业岗位相适应。职业技能鉴定命题是按照国家职业标准，在对其所要求的知识和技能进行具体化和典型化的基础上，命制用来测量鉴定对象职业能力是否达标的试题或试题库。鉴定考核则是运用职业技能鉴定试题，按照国家职业标准规定的时间和方式，组织对鉴定对象的职业能力进行测试。

四、职业教育

（一）职业教育概述

中国职业教育源远流长，师徒制教学有着悠久的历史，主要有父业子承、合同式学徒制、行业学徒制等形式。进入新时代，中国政府高度重视职业教育，把职业教育摆在经济社会发展和教育改革创新更加突出的位置。

职业教育肩负着培养多样化人才、传承技术技能、促进就业创业的重任，为支撑国家产业结构转型升级、推进中国制造和服务的水平、保障民生等方面作出了突出贡献。实践表明，紧跟经济社会发展需求，服务产业升级，推进产教融合、校企合作，是职业教育高质量发展的动力源；坚持扎根中国大地、立足中国国情，服务区域产业发展，是职业教育增强适应性的深厚土壤；落实立德树人根本任务，培养德技并修、手脑并用、终身发展的高素质技术技能人才，促进教育链、人才链与产业链、创新链有效衔接，促进就业创业，是提高社会贡献度和认可度的根本途径。

（二）职业教育法

2022年5月1日，新修订的《中华人民共和国职业教育法》正式实施，明确"职业教育是与普通教育具有同等重要地位的教育类型，是国民教育体系和人力资源开发的重要组成部分，是培养多样化人才、传承技术技能、促进就业创业的重要途径"。这标志着现代职业教育体系建设进入新的法治化进程，也意味着职业教育"类型"地位在法理上得到保障。

（三）职业教育标准体系

建设职业教育国家标准体系。建立专业、教学、课程、实习、实训条件"五位一体"的国家标准体系。融合新技术、新业态、新职业要求，编制了中职、高职专科、职业本科教育一体化专业目录；先后发布了230个中职专业和347个高职专业教学标准、51个职业学校专业实训教学条件建设标准、136个专业（类）顶岗实习标准以及

9个专业仪器设备装备规范等；制定了497个职业（工种）技能鉴定标准，6万余项行业培训标准和42大类企业培训标准。

第二节　职业道德知识

本节前面部分对道德进行讲解，包含道德的教育职能、认识职能、调节职能和评价职能；后面部分对职业道德进行讲解，包含职业道德的定义、特征、表现和功能。

考核知识点及能力要求：
- 了解道德表现的四个主要职能。
- 了解职业道德的特征。
- 了解职业道德的表现。

一、道德

何为道德？"道"是指做人之道，即为人所必须共同遵守的普遍原则；"德"则指修道之德，即为人处世应具有的品行和德性。道德是做人的根本，也是一种社会现象，还是社会文明进步的基本标志之一。一言以蔽之，道德是指调节人与人、人与社会、人与自然之间关系的行为规范的总和。

道德是一个系统。基于其对社会生活的意义和作用，道德主要表现在以下几个方面：

1. 教育职能

道德的教育职能是指道德能够通过社会舆论、品格风尚，去影响人们的观念和行为；通过道德评价、道德榜样、道德理想等方法去培养人们良好的道德意识、道德品质,提高人们的精神境界和道德水平。

2. 认识职能

道德的认识职能表现在道德能够通过道德判断、道德标准和道德理想的教育与实践,引导人们正确认识个人同他人、个人同社会的利益关系以及个人对社会、对国家、对集体、对家庭乃至对他人应尽的责任和义务,正确认识社会道德生活的规律和原则,从而唤起人们的道德责任感,帮助人们正确地选择自己的行为,提高道德生活的自觉性。

3. 调节职能

道德的调节职能是指道德具有纠正人的行为和指导人的实践活动的能力;以人特有的原则、规范和范畴,惩恶扬善;通过教育、示范、激励等方式,衡量与评价人的行为,纠正与指导人的实践活动;形成一定的社会舆论和群体信念,广泛地影响人的行为;调节人与人、人与社会之间的矛盾,对人与人之间的关系起到协调的作用,使社会和谐与友善。

4. 评价职能

道德的评价职能是指有关组织或个人在一定的道德意识支配下,以特定的道德规范为标准,通过社会舆论和个人心理活动等形式,对道德行为及行为者的品质进行善恶评判。道德通过善恶观念能动地反映社会现实,使人们认识道德的必然性和各种利益关系,了解个人在社会中的地位和应负的责任等。

除了上述几个方面外,道德还有激励职能、论证职能和辩护职能等。在社会生活中,道德的表现彰显了道德的力量。道德的力量是广泛的、深刻的,它深刻地影响着人们的意志、行为和品格,也深刻地影响着社会的发展。道德的力量随着时代的发展而发展,是推动社会文明不断向前发展的重要力量。

二、职业道德

"凡职业没有不是神圣的,所以凡职业没有不是可敬的。"有了职业道德的托举,"伟大出自平凡,平凡造就伟大"的奋斗哲理更显深刻有力。加强职业道德建设,对个人而言,意味着砥砺职业操守、恪守职业本分、干好本职工作,每件事、每个细节、每项产品力求无愧本心；对社会而言，需要弘扬道德楷模精神、营造爱岗敬业氛围，形成学有榜样、行有示范的良好风气；对国家而言，也需要完善政策、搭建平台、健全机制，让广大劳动者敢想敢干、敢于追梦。当崇高的职业道德落实为掷地有声的职业行动，实现中国梦就有了强大精神力量和道德支撑。

1. 职业道德的定义

职业道德是指同人们的职业活动紧密联系且符合职业特点的道德准则、道德情操以及道德品质的总和。职业道德不仅是从业人员在职业活动中的行为标准和要求，而且是本行业对社会所承担的道德责任和义务，是社会道德在职业生活中的具体化。职业道德是职业品德、职业纪律、专业胜任能力及职业责任等的总称，属于自律范围，它通过公约、守则等对职业生活中的某些方面加以规范。它既是本行业人员在职业活动中的行为规范，又是行业对社会所应承担的道德责任和义务。

2. 职业道德的特征

一般来说，职业道德的特征体现在以下几个方面：

（1）专业性。职业道德同各种职业活动相联系，具有范围上的专业性和对象上的特殊性。职业道德是调整职业活动中各种关系的行为规范，所以它和人们的职业活动紧密相连，是在职业活动过程中形成的特殊道德关系的反映，是对行为进行道德调节的专门领域。所以，从事不同职业的人有不同的职业道德准则。

（2）实践性。职业道德更能突出道德的实践性。这有两层含义：一是精神上的，旨在追求人们内在精神世界的高尚和完善；二是实用性的，旨在维护正常的社会经济生活秩序。

（3）继承性。职业道德作为社会意识形态是由社会经济关系决定的，随着社会经济关系的变化而变化。因此，职业道德要求的核心内容要被继承和发扬，从而形成被不同社会发展阶段普遍认同的职业道德规范。

（4）多样性。不同的行业和不同的职业，有不同的职业道德要求，体现了职业道德的多样性。为了使从业人员易懂、易记、易操作，在职业实践中概括提炼出一些具体而明确的道德要求，例如，中共中央、国务院印发的《新时代公民道德建设实施纲要》提出的"以主流价值建构道德规范、强化道德认同、指引道德实践"。

3. 职业道德表现

职业道德主要表现在以下几个方面：

（1）忠于职守，乐于奉献。尊职敬业，是从业人员应该具备的一种崇高精神，是做到求真务实、优质服务、勤奋奉献的前提和基础。从业人员有了尊职敬业的精神，就能在实际工作中积极进取、热爱工作、确保工作质量。

（2）实事求是，不弄虚作假。实事求是，不仅是思想路线和认识路线的问题，也是道德问题，而且是职业道德的核心。求，就是深入实际，调查研究；是，一方面是指是真不是假，另一方面是指社会经济现象数量关系的必然联系。因此，我们必须办实事、求实效，坚决反对和制止工作上的弄虚作假。

（3）依法行事，严守秘密。坚持依法行事和以德行事"两手抓"。一方面，要抓住国家法治建设的有利时机，进一步加大执法力度，严厉打击各种违法乱纪的现象，依靠法律的强制力量消除腐败滋生的土壤；另一方面，要通过劝导和教育，启迪人们的良知，提高人们的道德自觉性，把职业道德渗透到工作的各个环节，融于工作的全过程。严守秘密是职业道德必需的准则，包括保守国家、企业和个人秘密等。

（4）公正透明，服务社会。优质服务是职业道德所追求的最终目标，也是职业生命力的延伸。

基于上述的职业道德表现，物联网工程技术人员的职业道德表现主要包括：遵纪守法，爱岗敬业；精益求精，勇于创新；爱护设备，安全操作；遵守规程，执行工艺；认真严谨，忠于职守。

4. 职业道德功能

职业道德是社会道德体系的重要组成部分，它一方面具有社会道德的一般作用，另一方面具有自身的特殊作用。职业道德主要有以下几个功能：

（1）导向功能。导向功能是指职业道德具有引导职业活动方向的效用。职业道德的导向功能主要体现在三个方面：个人职业理想与社会发展目标相统一、个人追求与企业发展战略相统一、岗位职责要求与职业道德相统一。职业道德促进职业健康发展，从而推动社会道德建设和精神文明建设。

（2）规范功能。规范功能是指职业道德具有促进从业活动规范化和标准化的效用。

职业道德的规范功能通过岗位责任的总体规定、具体的操作规程及违规处罚规则对从业人员的行为进行约束。

（3）整合功能。整合功能是指企业通过职业道德核心理念对企业内部的不同部门、不同利益个人之间进行调节，起到凝聚人心、协调统一的效用。职业道德的整合功能主要通过企业目标、企业价值和硬性规章制度，对部门之间的利益及部门内部利益进行整合，并有效抑制从业人员的"越轨"行为来实现。

（4）激励功能。激励功能是指职业道德能够激发从业人员产生内在动力的效用。职业道德的激励功能通过职业理想、榜样示范和奖惩机制来实现。在职业生活中，按社会主义职业道德的规范和要求培养优秀的职业品质，形成与职业发展要求相一致的职业道德，无论对社会的发展还是对个人的成长，都具有重要的现实意义。

职业道德有利于调整职业利益关系，维护社会生产和生活秩序；有助于提高人们的社会公德水平，促进良好社会风尚的形成；有利于完善人格，促进人的全面发展。

第三节　相关法律法规知识

本节依次对法律法规基础知识、《保密法》《劳动保护法》《安全生产法》《网络安全法》《数据安全法》物联网相关标准规范等进行讲解。通过学习本节内容，物联网工程技术人员可充分了解相关法律知识，为以后走上工作岗位奠定法律基础。最后对物联网相关标准规范进行讲解。

考核知识点及能力要求：

- 了解法律法规的定义、类别。

- 了解保密工作的定义、保密工作的内容。
- 了解《劳动法》的定义、内容。
- 了解安全生产的定义、《安全生产法》的基本法律制度。
- 了解《网络安全法》的意义。
- 了解《数据安全法》的意义。
- 了解物联网技术及标准体系。

一、法律法规基础知识

法律是职业道德的底线。职业生活中的法律是指从事一定职业的人在履行本职工作过程中必须遵守的法律规范，即其在工作中享有的权利和应承担的义务。

（一）法律法规的定义

法律法规是指中华人民共和国现行有效的法律、行政法规、司法解释、地方法规、地方规章、部门规章及其他规范性文件，以及对于此类法律法规的不时修改和补充等。

法律有广义、狭义两种。广义上讲，法律泛指一切规范性文件；狭义上讲，法律仅指全国人大及其常务委员会制定的规范性文件。在与法规一同出现时，法律是指狭义上的法律。法规主要指行政法规、地方性法规、民族自治法规及经济特区法规等。

（二）法律法规的类别

我国的法律体系大体包括以下几种法律法规：法律、法律解释、行政法规、地方性法规、自治条例、单行条例和规章等。

1. 法律

我国最高权力机关——全国人民代表大会和全国人民代表大会常务委员会行使国家立法权，立法通过后，由国家主席签署主席令予以公布。因而，法律的级别是最高的。法律一般都称为××法，比如宪法、刑法、劳动合同法等。

2. 法律解释

法律解释是对法律中某些条文或文字的解释或限定。这些解释涉及法律的适用问题。法律解释权属于全国人民代表大会常务委员会，其作出的法律解释同法律具有同等效力。

司法解释即由最高人民法院或最高人民检察院作出的解释，用于指导各基层法院的司法工作。

3. 行政法规

行政法规是由国务院制定的，通过后由国务院总理签署国务院令公布。这些法规也具有全国通用性，是对法律的补充，在成熟的情况下会被补充进法律，其地位仅次于法律。

法规多称为××条例，也可以是全国性法律的实施细则，如专利代理条例等。

4. 地方性法规、自治条例和单行条例

地方性法规、自治条例和单行条例的制定者是各省、自治区、直辖市的人民代表大会及常务委员会。

地方性法规大部分称为条例，有的是法律在地方的实施细则，部分为具有法规属性的文件，比如决议、决定等。地方法规的开头多冠有地方名字，如《北京市食品安全条例》等。

5. 规章

规章的制定者是国务院各部、委员会、中国人民银行、审计署和具有行政管理职能的直属机构，这些规章仅在本部门的权限范围内有效，例如，国家知识产权局制定的《专利审查指南》，国家市场监督管理总局制定的《药品注册管理办法》等。

还有一些规章是由各省、自治区、直辖市和较大的市的人民政府制定的，仅在本行政区域内有效，如《北京市人民政府关于修改〈北京市天安门地区管理规定〉的决定》等。

二、保密法

保密是一种社会行为，是人或社会组织在意识到关系自己切身利益的事项如果被他人知悉或对社会公开，可能会对自己造成某种损害，因而对该事项所实施的一种保护行为。简言之，保密是指人们为了维护自身的利益，人为地控制某些信息，使之不被扩散的行为。对个人、家庭来说，这种行为属于一种自我保护的本能，是自发性的。对组织、政党、国家来说，保密是有统一的制度规范和纪律约束的，采取一系列保护措施的，并且有相应的机构和人员进行管理的，有组织、有领导的活动。

（一）保密工作的定义

本书所说的保密工作，是指按照《保密法》的规定，为保护国家秘密而进行的工作。保密工作的对象就是秘密。在现代意义上，根据涉及内容的不同，秘密可分为国家秘密、商业秘密、工作秘密、内部资料以及个人隐私等。

1. 国家秘密

国家秘密是指关系国家的安全和利益，依照法定程序确定，在一定时间内只限一定范围的人员知悉的事项。

2. 商业秘密

商业秘密是指不为公众所知悉，能为权利人带来经济利益，具有实用性并经权利人采取保密措施的技术信息和经营信息。

3. 工作秘密

工作秘密是指各机关、单位在公务活动和内部管理中产生的，在一定范围内不宜对外公开，一旦泄露会直接干扰机关、单位正常工作秩序，影响正常行使管理职能的事项和信息。

4. 内部资料

内部资料是指企业内部认为比较重要，在一定时间内不宜公开，但是又不属于商业秘密的信息。

5. 个人隐私

个人隐私是指公民个人生活中不愿为他人知悉或公开的信息。

国家秘密、商业秘密、工作秘密和个人隐私之间的对比见表 1-1。

表 1-1　国家秘密、商业秘密、工作秘密和个人隐私的对比

项目	类别			
	国家秘密	商业秘密	工作秘密	个人隐私
利益主体	国家	企事业单位	机关、单位	自然人
确定方式	依照法定程序确定	企事业单位自行确定	机关、单位自行确定	自然人当属权利
秘密标志	专属标志	无专属标志，自行确定	无专属标志	自然人当属权利

续表

项目	类别			
	国家秘密	商业秘密	工作秘密	个人隐私
管理方式	依法管理	无统一制度	无统一制度	自然人当属权利
法律保护	保密法	反不正当竞争法等	公务员法	民法、刑法等
法律属性	公权力	私权利		私权利
处置权限	依法提供或转让	权利人自行处置	机关、单位自行处置	自然人自行处置
法律责任	行政责任和刑事责任	行政责任和刑事责任	行政责任	民事、刑事等责任

（二）保密工作的内容

从工作目的看，保密工作包括预防和打击窃密、泄密行为。

从工作过程看，保密工作涵盖秘密从产生到消灭的全过程。内容上是从定密到解密的过程；形式上是从制作、传递、存储、使用到销毁的过程。

从工作方式看，保密工作包括宣传教育、法治建设、指导管理、技术防护、监督检查等。

从工作领域看，保密工作包括内部管理和外部管理。内部管理是指机关、单位对内部产生和流转的国家秘密进行的管理；外部管理是指机关、单位对非公有制企业和中介组织进入涉密领域，从事涉密服务的管理。

三、《劳动法》

《劳动法》全称为《中华人民共和国劳动法》，是调整劳动关系以及与劳动关系有密切联系的其他社会关系的法律规范的总称。

（一）劳动法的定义

劳动法是国家为了保护劳动者的权益，调整劳动关系，建立和维护适应社会主义市场经济的劳动制度，促进经济发展和社会进步，根据宪法而制定的法律。劳动法有广义与狭义之分。

广义的劳动法，即实质意义的劳动法，是指调整劳动关系以及与劳动关系有密切联系的其他社会关系的法律规范的总称。它不仅包括劳动法典，还包括宪法中的相关规定、国务院颁布的行政法规、人力资源和社会保障部颁布的部门规章、地方性劳动法规、各部门联合颁布的规章等。劳动法涵盖了劳动合同法、劳动基准法、促进就业法、社会保险法、职业培训制度等。它的主要内容包括：劳动者的主要权利和义务；劳动就业促进制度；劳动合同的制定、履行、变更、解除和终止程序的规定；集体合同的签订与执行方法；工作时间与休息时间制度；劳动报酬制度；劳动卫生和安全技术规程等。

狭义的劳动法，即形式意义上的劳动法，是指由国家最高权力机关制定并颁布的全国性的、综合性的法典式的劳动法。

（二）劳动法的内容

劳动法包括调整劳动关系及与劳动关系密切的某些关系的各种法律规范。我国劳动法的内容如下：

1. 劳动就业制度

劳动就业制度的规定包括有关劳动就业的方针、原则、法律规范，以及招收职工等各项规定。

2. 劳动合同制度

劳动合同制度的规定包括劳动关系的产生、变更和终止的法律形式，以及由此产生的双方当事人的权利与义务，录用职工的程序，调动职工工作的条例，对辞退职工的限制等法律规定。

3. 集体合同制度

集体合同制度主要指集体合同的签订与执行办法，具体包括对签订集体合同的要求及集体合同的监督、检查制度等。

4. 劳动标准制度

对标准工作日和工作周的各项规定，对延长工作时间的规定和限制，对休息时间、法定节日、年休假等的规定。

5. 工资制度

工资等级制度，工资、奖励、津贴制度的基本原则，在特殊情况下的工资支付办法等。

6. 劳动安全与卫生制度

安全卫生技术规程、职业病的预防与治疗、劳动保护用品的发放标准、各种安全和卫生的管理制度等。

7. 女职工与未成年工特殊保护制度

对女职工、未成年工从事有害健康工种的限制，对女职工孕期、产期、哺乳期、经期的保护，对未成年就业年龄和工作时间的限制等。

8. 职业培训制度

学徒制度、技工学校制度、在职培训制度与专业培训制度等规定。

9. 社会保险和福利制度

社会保险的项目和待遇、保险金的来源、工龄的计算办法、各项集体福利事业等规定。

10. 劳动争议处理制度

受理劳动争议的范围、劳动争议处理的机构和工作程序等。

11. 劳动监督检查制度

确定对劳动法执行情况进行监督检查的机关和权限、监督检查的各种制度等。

12. 法律责任制度

规定追究违反劳动法法律责任的种类和惩处办法、执行追究法律责任的单位等。

四、《安全生产法》

为了加强安全生产工作，防止和减少生产安全事故，保障人民群众生命和财产安全，促进经济社会持续健康发展，制定了《安全生产法》。

（一）安全生产的定义

安全生产是指在生产经营活动中，为避免发生造成人员伤害和财产损失的事故，有效消除或控制危险和有害因素而采取一系列措施，使生产过程在符合规定的条件下进行，以保证从业人员的人身安全与健康，设备和设施避免受到损坏，环境免遭破坏，保证生产经营活动得以顺利进行的相关活动。

（二）《安全生产法》的基本法律制度

1. 安全生产监督管理制度

安全生产监督管理制度包括安全生产监督管理体制，各级人民政府和安全生产监督管理部门和其他有关部门以及街道办事处、开发区管理机构等地方人民政府派出机关的安全监督管理职责、安全监督检查人员职责、社区基层组织和新闻媒体进行安全生产监督的权利和义务等。

2. 生产经营单位安全保障制度

生产经营单位安全保障制度包括生产经营单位安全生产条件、安全管理机构及其人员配置、安全投入、从业人员安全资质、安全条件论证和安全评价、建设工程"三同时"、安全设施的设计审查和竣工验收、安全技术装备管理、生产经营场所安全管理、社会工伤保险等。

3. 生产经营单位负责人安全责任制度

生产经营单位负责人安全责任制度包括生产经营单位主要负责人和其他负责人、安全生产管理人员的资质及其在安全生产工作中的主要职责。

4. 从业人员安全生产权利与义务制度

从业人员安全生产权利与义务制度包括生产经营单位的从业人员在生产经营活动中的基本权利和义务，以及应当承担的法律责任。

5. 安全生产服务制度

安全生产服务制度包括从事安全评估、评价、检测、检验、咨询服务等工作的安全生产技术、管理服务机构和安全专业技术人员的法律地位、任务和责任。

6. 安全生产责任追究制度

安全生产责任追究制度包括安全生产的责任主体，安全生产责任的确定和责任形式，追究安全责任的机关、依据、程序和安全生产法律责任。

7. 事故应急救援和处理制度

事故应急救援的总目标是通过有效的应急救援行动，尽可能地减轻事故的不良后果，包括人员伤亡、财产损失和环境破坏等。事故应急救援和处理制度包括事故应急预案的制定、事故应急体系的建立、事故报告、调查处理的原则和程序、事故责任的追究、事故信息发布等。

8. 注册安全工程师制度

注册安全工程师是经国家统一考试合格、取得注册安全工程师执业资格证书并注册执业的人员。《安全生产法》规定，高危生产经营单位必须配有注册安全工程师；鼓励其他生产经营单位聘用注册安全工程师从事安全管理工作；注册安全工程师按专业进行分类管理。

9. 事故隐患排查治理制度

加强事故隐患排查治理是贯彻落实"安全第一、预防为主、综合治理"安全生产工作方针的必然要求。《安全生产法》规定，生产经营单位应当建立健全生产安全事故隐患排查治理制度，采取技术、管理措施，及时发现并消除事故隐患。事故隐患排查治理情况应当如实记录，并向从业人员通报。县级以上地方各级人民政府负有安全生产监督管理职责的部门应当建立健全重大事故隐患治理督办制度，督促生产经营单位消除重大事故隐患。

10. 存在严重违法行为的生产经营单位公示制度

许多生产经营单位事故隐患长时间不整改治理，最终导致生产安全事故的发生。《安全生产法》规定，负有安全生产监督管理职责的部门应当建立安全生产违法行为信息库，如实记录生产经营单位的安全生产违法行为信息；对违法行为情节严重的生产经营单位，应当向社会公告，并通报行业主管部门、投资主管部门、国土资源主管部门、证券监督管理机构以及有关金融机构。

五、《网络安全法》

当前，网络和信息技术迅猛发展，已经深度融入我国经济社会的各个方面，极大地改变和影响着人们的社会活动和生活方式，在促进技术创新、经济发展、文化繁荣、社会进步的同时，网络安全问题也日益凸显，已经成为关系国家安全和发展、关系人民群众切身利益的重大问题。2017年6月1日开始施行的《中华人民共和国网络安全法》（以下简称《网络安全法》）正是在这样一个背景下酝酿制定并颁布出台的。作为我国第一部全面规范网络空间安全管理问题的基础性法律，《网络安全法》成为我国维护国家网络空间主权、安全和发展利益的重要保障。

（一）《网络安全法》的意义

《网络安全法》出台的重大意义，主要表现在以下几个方面：

（1）服务于国家网络安全战略和网络强国建设。

（2）助力网络空间治理，护航"互联网+"。

（3）构建我国首部网络空间管辖基本法。

（4）提供维护国家网络主权的法律依据。

（5）在网络空间领域贯彻落实依法治国精神。

（6）成为网络参与者普遍遵守的法律准则和依据。

整体来看，《网络安全法》的出台，顺应了网络空间安全化、法制化的发展趋势，不仅对国内网络空间治理有重要作用，同时也是国际社会应对网络安全威胁的重要组成部分，更是中国在迈向网络强国道路上至关重要的阶段性成果，它意味着建设网络强国、维护和保障我国国家网络安全的战略任务正在转化为一种可执行、可操作的制度性安排。尽管《网络安全法》只是网络空间安全法律体系的一个组成部分，但它是重要的起点，是依法治国精神的具体体现，是网络空间法制化的里程碑，标志着我国网络空间领域的发展和现代化治理迈出了坚实的一步。

（二）《网络安全法》解析

1. 确立了《网络安全法》的基本原则

（1）网络空间主权原则。《网络安全法》第一条开宗明义，明确规定要维护我国网络空间主权。网络空间主权是一国国家主权在网络空间中的自然延伸和表现。

（2）网络安全与信息化发展并重原则。习近平总书记指出，安全是发展的前提，发展是安全的保障，安全和发展要同步推进。网络安全和信息化是一体之两翼、驱动之双轮，必须统一谋划、统一部署、统一推进、统一实施。

（3）共同治理原则。网络空间安全仅仅依靠政府是无法实现的，需要政府、企业、社会组织、技术社群和公民等网络利益相关者的共同参与。

2. 提出网络安全战略

《网络安全法》第四条明确提出了我国网络安全战略的主要内容，即：明确保障网络安全的基本要求和主要目标，提出重点领域的网络安全政策、工作任务和措施。第七条明确规定，我国致力于"推动构建和平、安全、开放、合作的网络空间，建立多边、民主、透明的网络治理体系"。这是我国第一次通过国家法律的形式向世界宣示网络空间治理目标，明确表达了我国的网络空间治理诉求。上述规定提高了我国网络治理公共政策的透明度，与我国的网络大国地位相称，有利于提升我国对网络空间的国际话语权和规则制定权，促成网络空间国际规则的出台。

3. 明确了政府各部门的职责权限

《网络安全法》将现行有效的网络安全监管体制法制化，明确了网信部门与其他相关网络监管部门的职责分工。其第八条规定，国家网信部门负责统筹协调网络安全工作和相关监督管理工作。国务院电信主管部门、公安部门和其他有关机关依法在各自职责范围内负责网络安全保护和监督管理工作。这种"1+X"的监管体制，符合当前互联网与现实社会全面融合的特点和我国监管需要。

4. 强化了网络运行安全

《网络安全法》第三章用了近三分之一的篇幅规范网络运行安全，特别强调要保障关键信息基础设施的运行安全。网络运行安全是网络安全的重心，关键信息基础设施安全则是重中之重，与国家安全和社会公共利益息息相关。

5. 完善了网络安全义务和责任

《网络安全法》将原来散见于各种法规、规章中的规定上升到法律层面，对网络运营者等主体的法律义务和责任做了全面规定，包括守法义务、遵守社会公德和商业道德义务、诚实信用义务、网络安全保护义务、接受监督义务、承担社会责任等，并在"网络运行安全""网络信息安全""监测预警与应急处置"等章节中进一步明确、细化。在"法律责任"中则提高了违法行为的处罚标准，加大了处罚力度，有利于保障《网络安全法》的实施。

6. 将监测预警与应急处置措施制度化、法制化

《网络安全法》第五章将监测预警与应急处置工作制度化、法制化，明确国家建立网络安全监测预警和信息通报制度，建立网络安全风险评估和应急工作机制，制定网络安全事件应急预案并定期演练。这为建立统一高效的网络安全风险报告机制、情报共享机制、研判处置机制提供了法律依据，为深化网络安全防护体系，实现全天候全方位感知网络安全态势提供了法律保障。

六、《数据安全法》

作为我国关于数据安全的首部律法，受到了社会各界人士的广泛关注。自2020年6月28日以来，《数据安全法》经历了三次审议与修改，于2021年9月1日正式施行，标志着我国在数据安全领域有法可依，为各行业数据安全提供监管依据。

（一）《数据安全法》的意义

随着《数据安全法》的出台，我国在网络与信息安全领域的法律法规体系得到了进一步的完善。按照总体国家安全观的要求，《数据安全法》明确数据安全主管机构的监管职责，建立健全数据安全协同治理体系，提高数据安全保障能力，促进数据出境安全和自由流动，促进数据开发利用，保护个人、组织的合法权益，维护国家主权、安全和发展利益，让数据安全有法可依、有章可循，为数字化经济的安全健康发展提供了有力支撑。

（二）《数据安全法》解析

《数据安全法》作为我国第一部专门规定"数据"安全的法律，明确了"数据"的规制原则。作为数据安全管理的基本大法，给我们指明了方向并提供了法律保障。有关单位和个人收集、存储、使用、加工、传输、提供、公开数据资源，都应当依法建立健全数据安全管理制度，采取相应技术措施保障数据安全。

1. 坚持总体国家安全发展观

《数据安全法》以贯彻总体国家安全观的目的为出发点，以数据治理中最为重要的安全问题作为切入点，抓住了数据安全的主要矛盾和平衡点，是我国数据安全领域的一部重要基础性法律。

2. 我国数据保护的域外法律效力

当前，全球经贸交易、技术交流、资源分享等跨国合作日益频繁，数据跨境流动已经是无法避免的事实。为此，《数据安全法》第二条第二款明确规定："在中华人民共和国境外开展数据处理活动，损害中华人民共和国国家安全、公共利益或者公民、组织合法权益的，依法追究法律责任。"

3. "中央国安委"统筹协调下的行业数据监管机制

我国《数据安全法》第五条明确："中央国家安全领导机构负责国家数据安全工作的决策和议事协调，研究制定、指导实施国家数据安全战略和有关重大方针政策，统筹协调国家数据安全的重大事项和重要工作，建立国家数据安全工作协调机制。"

4. 促进以数据为关键要素的数字经济发展

数据作为生产要素由市场评价贡献、按贡献决定报酬，这是党的十九届四中全会首次提出的一项重大产权创新制度。目前，各类网络平台，尤其是超级网络平台通过自身营造的网络生态系统，将网络公共空间的数据当作一种私权，不利于数据要素市场的构建。因此，《数据安全法》明确提出"国家保护个人、组织与数据有关的权益"，这里的"权益"指公民和法人受法律保护的与数据有关的权利和利益。在个人和组织与数据有关的权益得到充分保护的基础上，依法推动数据合理有效利用和依法有序自由流动。

5. 国家数据分类分级保护制度

《数据安全法》中的"数据分类"，采用了数据的"重要程度"+"危害程度"的立法手段，对数据实行分类分级保护，特别是将"关系国家安全、国民经济命脉、重要民生、重大公共利益等数据"列为国家核心数据，实行更加严格的管理制度。《数据安全法》从国家层面提出了数据分类分级，是确定数据保护和利用之间平衡点的一个重要依据，为政务数据、企业数据、工业数据和个人数据的保护奠定了法律基础。

6. 国家数据安全审查制度

数据安全审查制度与网络安全审查是依法确立的国家安全审查制度中两项重要的安全审查制度。

7. 国家数据安全应急处置机制

数据安全事件应急预案应当按照紧急程度、发展态势和可能造成的危害程度进行等级分类，一般分为四级：由高到低依次用红色、橙色、黄色和蓝色标示，分别对应可能发生特别重大、重大、较大和一般网络安全突发事件。

8. 数据处理者的合规义务

数据合规是指数据处理者及其工作人员的数据处理行为符合法律法规、监管规定、行业准则和数据安全管理规章制度，以及国际条约、规则等要求。《数据安全法》第二十七条到第三十条明确了数据处理者履行数据安全的四项重要合规义务。

9. 重要数据的出境安全管理制度

本条规定了重要数据出境安全管理的规定，主要有两方面内容：一是关键信息基础设施的运营者在中华人民共和国境内运营中收集和产生的重要数据的出境安全管理，适用《网络安全法》的规定；二是除关键信息基础设施的运营者处理的重要数据外，其他数据处理者在中华人民共和国境内运营中收集和产生的重要数据的出境安全管理办法，由国家网信部门会同国务院有关部门制定。

七、物联网相关标准规范

随着应用场景的成熟，物联网技术在相关行业得到了广泛的普及与应用。为了促进物联网技术及产业的健康可持续发展，其物联网技术及应用的标准化必须先行。为此，我国在 2017 年首次发布了国家指导性技术文件 GB/Z 33750—2017《物联网 标准化工作指南》。该指南规定了物联网标准化工作原则、工作程序、标准名称的结构和命名以及物联网标准分类。

（一）物联网标准体系

全球物联网标准化体系框架基本建立，物联网关键网络技术标准逐步聚焦并快速推进，目前已经形成了包括总体性标准、基础共性标准和行业应用标准在内的全球物联网标准体系框架，如图 1-1 所示。

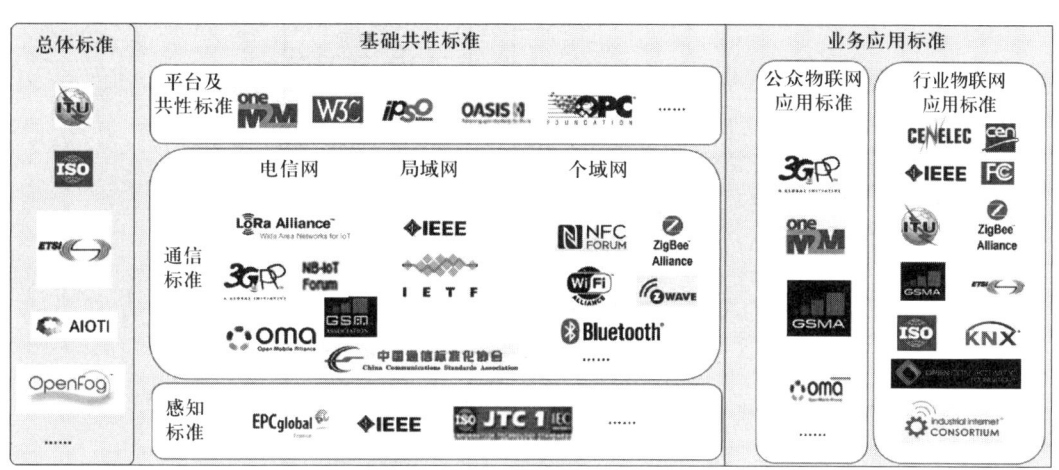

图 1-1　全球物联网标准化体系框架

1. 总体标准

总体标准主要侧重于物联网总体性场景、需求、体系框架、标识以及安全（包含隐私）等标准制定。

2. 基础共性标准

基础共性标准包括感知标准、通信标准和平台及共性标准。

3. 业务应用标准

业务应用标准包括面向消费类的公众物联网应用标准和行业物联网应用类标准。

（二）物联网相关标准规范

物联网标准组织从不同角度对物联网进行研究，有的从机器对机器通信（M2M）的角度进行研究，有的从泛在网角度进行研究，有的从互联网的角度进行研究，有的专注传感网的技术研究，有的关注移动网络技术研究，有的关注总体架构研究，等等。因此，有必要对这些标准化组织以及适应领域作一个全面的分析，以期为物联网的应用提供一个良好而健康的发展空间。

物联网标准具体的划分是分层次的，如总体标准、感知层标准、网络层标准、应用层标准、共性标准等，物联网标准体系架构如图 1-2 所示。

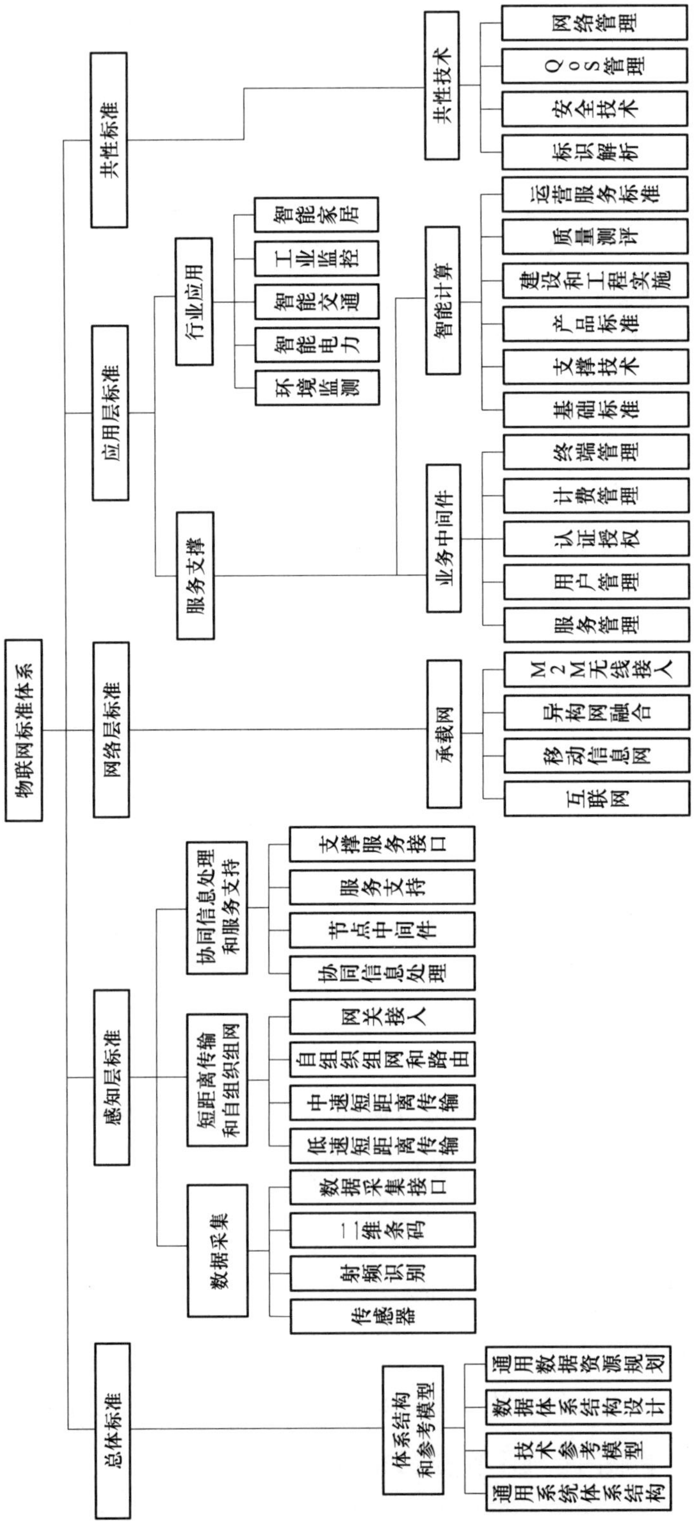

图1-2 物联网标准体系架构

针对这些标准，国家组织发布了很多详细的标准规范文件，下面列举几种标准规范进行讲解。

1. GB/T 33474—2016《物联网　参考体系结构》

物联网的概念模型是不同类型物联网应用系统的高度抽象，是理解和设计物联网的主要基础。从物联网应用系统角度提出物联网概念模型有利于梳理物联网用户需求、系统功能开发和物联网生态体系建设等。

该标准作为物联网系统的顶层架构设计，基于物联网概念模型，为物联网应用系统设计者提供了系统分解参考设计，也为不同物联网应用系统之间的相互兼容、互操作和资源提供了重要基础。在开发不同物联网应用系统时，开发者可选择参考体系结构所定义的部分或全部的业务功能域和实体，也可对不同的业务功能域或实体进行组合和拆分。同时，开发者也可根据自身特定的需求，调整参考体系结构中未涉及的相关业务功能域或实体。

2. GB/T 34069—2017《物联网总体技术　智能传感器特性与分类》

智能传感器由传感单元、智能计算单元和接口单元组成，具有智能与物联网特性，其类别繁多，广泛应用于物联网中。为规范我国智能传感器的研究、生产与应用，有必要对智能传感器特性与分类进行标准。

该标准对智能传感器的特性与分类进行了规定，为规范生产、使用和检验评定智能传感器提供了参考与指导。

3. IEEE 2144.1—2020《基于区块链互联网的物联网（IoT）数据管理框架》

该标准定义了基于区块链的物联网（IoT）数据管理的框架。它确定了区块链在物联网数据生命周期中启用的框架的通用构建模块，包括数据获取、处理、存储、分析、使用/交换和废弃以及这些构建模块之间的交互。

4. GB/T 39190—2020《物联网智能家居　设计内容及要求》

物联网智能家居系统的建设目标主要包括实现集成智能家居所有需要联网的各类设备，组成操作方便、稳定运行的物联网智能家居网络系统，监视各个子系统设备的关键功能和运行参数，并且具有优化和自动控制功能，以实现安全、高效、舒适和便利的家居环境。

5. GB/T 37044—2018《信息安全技术 物联网安全参考模型及通用要求》

随着计算机和网络技术的发展，特别是信息化与工业化深度融合以及物联网的快速发展，工业控制系统，包括分布式控制系统（DCS）、监控与数据采集（SCADA）系统和可编程逻辑控制器（PLC）等产品广泛应用于核设施、航空航天、先进制造、石油石化、油气管网、电力系统、交通运输、水利枢纽、城市设施等国家重要领域。工业控制系统（ICS）由单机走向互联、从封闭走向开放、从自动化走向智能化进程的加快，使得工业控制系统的信息安全问题日益突出，工业控制系统一旦遭受攻击，将严重威胁人民生命财产安全和国家政权稳定。对此，全国信息安全标准化技术委员会（SAC/TC 260）立项研制了工业控制系统信息安全分级、管理要求、控制应用指南等多项标准。

本标准针对各行业工业控制系统的安全管理活动的共性特点，提出了工业控制系统安全管理基本框架，从领导、规划、支持、运行、绩效评价和持续改进等方面为工业控制系统安全管理活动提出了规范性要求，并给出了为实现该安全管理基本框架所需的安全管理基本控制措施和各级工业控制系统安全管理基本控制措施对应表，以满足组织对各级工业控制系统的安全管理需求，为实现对工业控制系统适度、有效的安全管理控制提供参考。

一个新兴产业的发展，最重要的是掌握标准。谁掌握了标准，谁就能站在这个产业的制高点，成为引领这个产业的主导。目前，我国物联网技术的研发水平已位于世界前列，在一些关键技术上处于国际领先地位，我国已成为国际标准制定的主要国家之一，逐步成为全球物联网产业链中重要的一环。

思考题

1. 社会主义荣辱观"八荣八耻"的具体内容是什么？
2. 职业道德的特征与功能有哪些？
3. 物联网工程技术人员职业定义是什么？
4. 物联网工程技术人员职业共设三个等级，分别是什么？
5. 物联网工程技术人员的主要工作任务是什么？
6. 就业人群中的行业分布中，哪些行业是物联网人才需求的主要领域？

7. 法律法规的类别有哪些?

8. 什么是保密?什么是保密工作?保密工作的内容有哪些?

9. 什么是《劳动法》?《劳动法》的内容有哪些?

10. 什么是安全生产?《安全生产法》基本法律制度有哪些?

11. 简述《网络安全法》的意义。

12. 简述《数据安全法》的意义。

第二章
基础理论知识

物联网工程指的是将无处不在的末端设备和设施,包括具备"内在智能"的传感器、移动终端、工业系统、楼控系统、家庭智能设施、视频监控系统等,和"外在使能"的,如贴上 RFID 的各种资产、携带无线终端的个人与车辆等"智能化物件或动物"或"智能尘埃",通过各种无线和 / 或有线的长距离和 / 或短距离通信网络实现互联互通和应用大集成,在内网、专网、和 / 或互联网环境下,采用适当的信息安全保障机制,提供安全可控乃至个性化的实时在线监测、定位追溯、报警联动、调度指挥、预案管理、远程控制、安全防范、远程维保、在线升级、统计报表、决策支持、领导桌面集中展示等管理和服务功能,实现对"万物"的"高效、节能、安全、环保"的"管、控、营"一体化。

本章共六节,分别阐述了计算机组成,操作系统,计算机网络,云计算、大数据和人工智能,软件工程,信息安全和物联网安全等知识。

第一节着重阐述了计算机组成的知识,包括计算机硬件和软件的组成,以及单片机组成的一些基础知识;第二节着重阐述了操作系统知识,包括操作系统定义、操作系统体系结构和运行机制、进程管理和嵌入式操作系统等基础知识;第三节着重阐述了计算机网络相关知识,包括计算机网络的定义和分类、网络性能指标,以及网络体系结构等;第四节着重阐述云计算、大数据和人工智能的基础知识以及三者之间的关系;第五节着重阐述了软件工程知识,包括软件工程概述、结构化分析与设计方法、编程和代码规范等;第六节着重阐述了信息安全和物联网安全知识。

第一节 计算机组成

本节前面部分对计算机的硬件组成进行讲解；中间部分对计算机软件组成进行讲解，包括系统软件和应用软件；后面部分对单片机进行讲解，以 CC2530 为例讲解单片机硬件、开发软件和开发工具等。

考核知识点及能力要求：
- 掌握计算机硬件组成。
- 掌握计算机软件组成。
- 掌握 CC2530 的特点。
- 熟悉 CC2530 的主要开发工具及使用方法。

一、计算机硬件组成

计算机（computer）俗称电脑，是一种用于高速计算的电子计算机器，既可以进行数值计算，也可以进行逻辑计算，还具有存储记忆功能，能够按照程序运行，自动、高速地处理海量数据的现代化智能电子设备。

计算机可分为超级计算机、工业控制计算机、网络计算机、个人计算机、嵌入式计算机五类，较先进的计算机有生物计算机、光子计算机、量子计算机等。超级计算机具有很强的计算能力和处理数据的能力，主要特点为高速度和大容量，配有多种外部和外围设备及丰富的、高功能的软件系统。2009 年，国防科技大学发布峰值性能为 1.206 千万亿次每秒的"天河一号"超级计算机，我国成为美国之后第二个可以独立研制千万亿次超级计算机的国家。2016 年，神威"太湖之光"超级计算机的出现标志着我国进入超算世界领先地位，该计算机的系统全部使用自主知识产权的处理器芯片，连续四届获得超算全球冠军。

计算机由硬件系统和软件系统组成，没有安装任何软件的计算机称为裸机。计算机硬件是指组成计算机的各种物理设备，即看得见摸得着的实际物理设备，包括计算机的主机和外部设备。计算机硬件具体由五大功能部件组成，即运算器、控制器、存储器、输入设备和输出设备，这五大部分相互配合，协同工作。计算机硬件系统如图 2-1 所示。

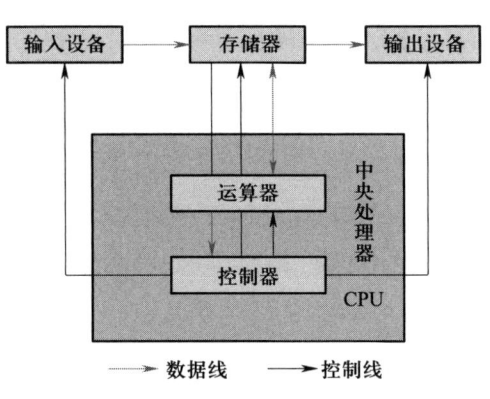

图 2-1 计算机硬件系统

计算机的工作流程为：首先由输入设备接收外界信息（程序和数据），控制器发出指令将数据送入内存储器，然后向内存储器发出取指令命令；在取指令命令控制下，程序指令逐条送入控制器；控制器对指令进行译码，并根据指令的操作要求，向存储器和运算器发出存数、取数命令和运算命令，经过运算器计算并把计算结果存在存储器内；最后在控制器发出的取数和输出命令的作用下，通过输出设备输出计算结果。

（一）控制器

控制器用于控制整个中央处理器（central processing unit，CPU）的工作，决定了计算机运行过程的自动化。控制器不仅要保证程序的正确执行，而且要能够处理异常事件，一般包括指令控制逻辑、时序控制逻辑、总线控制逻辑和中断控制逻辑等部分。

1. 指令控制逻辑

指令控制逻辑要完成取指令、分析指令和执行指令的操作，其过程包括取指令、指令译码、按指令操作码执行、形成下一条指令地址等步骤。

2. 时序控制逻辑

时序控制逻辑要为每条指令按照时间顺序提供应有的控制信号。

3. 总线控制逻辑

总线控制逻辑是为多个功能部件服务的信息通路的控制电路。

4. 中断控制逻辑

中断控制逻辑用于控制各个中断请求，并根据优先级的高低对中断请求进行排队，逐个交给 CPU 处理。

（二）运算器

运算器（arithmetic unit，AU）是数据加工处理部件，用于完成计算机的各种算术运算和逻辑运算。运算器接收控制器的命令而进行动作，即运算器所进行的全部操作都是由控制器发出的控制信号来指挥，所以运算器是执行部件。运算器与控制器一起组成了 CPU。运算器的主要功能有：执行所有的算术运算；执行所有的逻辑运算，并进行逻辑测试。

运算器主要由算术逻辑单元、累加寄存器、数据缓冲寄存器和状态条件寄存器组成。

1. 算术逻辑单元

算术逻辑单元（arithmetic logic unit，ALU）是运算器的重要组成部件，负责处理数据，实现算术运算和逻辑运算。

2. 累加寄存器

累加寄存器（accumulator，AC）通常也称为累加器。它是一个通用寄存器，其功能是当运算器的算术逻辑单元执行算术或逻辑运算时，为算术逻辑单元提供一个工作区。运算的结果放在累加寄存器中，所以运算器中至少要有一个累加寄存器。

3. 数据缓冲寄存器

在对内存储器进行读/写操作时，用数据缓冲寄存器（data register，DR）暂时存放由内存储器读/写的一条指令或一个数据字，将不同时间段内读/写的数据隔离开。数据缓冲寄存器的主要作用有：作为 CPU 和内存、外部设备之间数据传送中转站；作为 CPU 和内存、外围设备之间在操作速度上的缓冲；在单累加器结构的运算器中，数据缓冲寄存器还可兼作操作数寄存器。

4. 状态条件寄存器

状态条件寄存器（program status word，PSW）保存由算术指令和逻辑指令运行或测试的结果条件码内容，主要分为状态标志和控制标志。通常，一个算术操作产生一个运算结果，而一个逻辑操作产生一个判决。

(三)输出设备

输出设备(output device)是计算机硬件系统的终端设备,用于接收计算机数据的输出显示、打印、声音、控制外围设备操作等。输出设备是把各种计算结果数据或信息以数字、字符、图像、声音等形式表现出来的设备。常见的输出设备有显示器、打印机等,如图 2-2 所示。

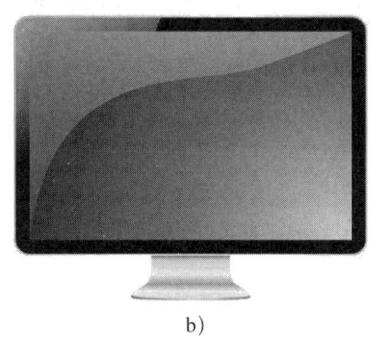

a)　　　　　　　　　　　　　　　　b)

图 2-2　输出设备示例

a)打印机　b)显示器

(四)输入设备

输入设备(input device)是向计算机输入数据和信息的设备,是计算机与用户或其他设备通信的桥梁。输入设备是用户和计算机系统之间进行信息交换的主要装置之一。计算机能够接收各种各样的数据,既可以是数值型的数据,也可以是非数值型的数据。图形、图像、声音等非数值型的数据都可以通过不同类型的输入设备输入计算机,进行存储、处理和输出。

键盘、鼠标、摄像头、扫描仪、光笔、手写输入板、游戏杆、语音输入装置等都属于输入设备。键盘和扫描仪是最为常见的输入设备,如图 2-3 所示。

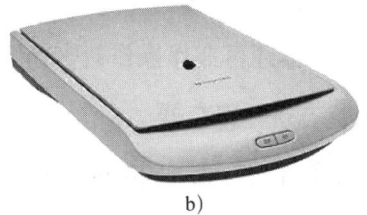

a)　　　　　　　　　　　　　　　　b)

图 2-3　输入设备示例

a)键盘　b)扫描仪

(五)存储器

存储器(memory)是计算机记忆或暂存数据的部件,一般可分成内存储器和外存储器。内存储器在程序执行期间被计算机频繁使用,断电后数据消失。外存储器要求计算机从一个外储藏装置(例如磁盘中)读取信息,断电后数据还可以继续保存。常用的外存储器主要是机械硬盘(hard disk drive,HDD)和固态硬盘(solid state disk 或 solid state drive,SSD)。常用的存储器如图2-4所示。

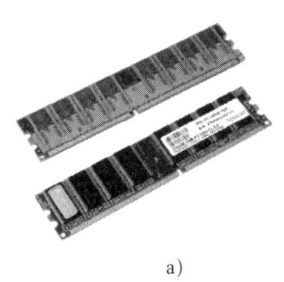

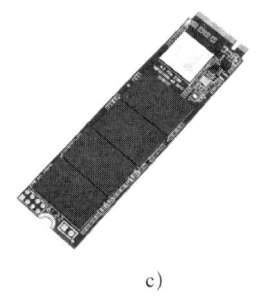

a)　　　　　　　　　　　　b)　　　　　　　　　　　　c)

图 2-4　常用的存储器

a)内存　b)机械硬盘　c)固态硬盘

二、计算机软件组成

计算机要想正常运行,在有硬件的同时,也要有软件系统。计算机的软件系统是计算机的"灵魂"。根据计算机软件系统的功能和用途,计算机软件可以分为系统软件和应用软件两大类。

(一)系统软件

系统软件(system software)由一组控制计算机系统并管理其资源的程序组成,其主要功能包括:启动计算机;存储、加载和执行应用程序;对文件进行排序、检索;将程序语言翻译成机器语言等。实际上,系统软件可以看作用户与计算机的接口,为应用软件和用户提供控制、访问硬件的手段,这些功能主要由操作系统完成。此外,编译系统和各种工具软件也属此类,它们从另一方面辅助用户使用计算机。

1. 操作系统

操作系统(operating system,OS)是管理、控制和监督计算机软、硬件资源协调运行的程序系统,由一系列具有不同控制和管理功能的程序组成,是直接运行在计算机硬件上的、最基本的系统软件,是系统软件的核心。操作系统的主要作用有两个:一是方便用户使用计算机;二是作为用户和计算机的接口。

2. 语言处理系统

语言处理系统(翻译程序)用来处理人和计算机交流信息使用的语言。计算机语言通常分为机器语言、汇编语言和高级语言三类。如果要在计算机上运行高级语言程序就必须配备语言处理系统,该系统本身是一组程序。不同的高级语言都有相应的语言处理系统,处理的方法有解释和编译两种。

3. 服务程序

服务程序能够提供一些常用的服务性功能,它们为用户开发程序和使用计算机提供方便,像微机上经常使用的诊断程序、调试程序、编辑程序均属此类。

4. 数据库管理系统

数据库系统主要由数据库(data base,DB)、数据库管理系统(database management system,DBMS)以及相应的应用程序组成。数据库系统不但能够存放大量的数据,更重要的是能迅速、自动地对数据进行检索、修改、统计、排序、合并等操作,以得到所需的信息。数据库管理系统是能够对数据库进行加工、管理的系统软件,其主要功能是建立、消除、维护数据库并对库中数据进行各种操作。

(二)应用软件

应用软件(application)和系统软件相对应,是用户可以使用的各种程序设计语言,以及用各种程序设计语言编制的应用程序的集合,分为应用软件包和用户程序。应用软件,顾名思义就是为特定的应用而开发的软件,具有特定的用途,比如文字处理软件提供专门的文字输入、排版和编辑。为了满足使用者的不同需求,软件开发者开发了各种各样的应用软件,极大地丰富了计算机的功能。常用的应用软件有办公软件、因特网软件、多媒体软件、分析软件、商务软件。

1. 办公软件

办公软件即办公中需要用的文字、表格、演示等软件,常见的为 WPS office。

2. 因特网软件

常见的因特网软件有即时通信软件、电子邮件客户端、网页浏览器、端下载工具等。

3. 多媒体软件

常见的多媒体软件有媒体播放器、图像编辑软件、音频编辑软件、视频编辑软件、计算机辅助设计、计算机游戏等。

4. 分析软件

常见的分析软件有计算机代数系统、统计软件、数字计算软件、计算机辅助工程设计软件等。

5. 商务软件

常见的商务软件有会计软件、企业工作流程分析软件、客户关系管理软件、企业资源规划软件、供应链管理软件等。

三、单片机系统组成

单片机（single-chip microcomputer）是一种集成电路芯片，是采用超大规模集成电路技术把具有数据处理能力的中央处理器 CPU、随机存储器 RAM、只读存储器 ROM、多种 I/O 接口和中断系统、定时器/计数器等功能（可能还包括显示驱动电路、脉宽调制电路、模拟多路转换器、A/D 转换器等电路）集成到一块硅片上构成的一个小而完善的微型计算机系统。概括地讲，一块芯片就是一台计算机。它的体积小、质量轻、价格便宜，为学习、应用和开发提供了便利条件。同时，学习使用单片机是了解计算机原理与结构的最佳选择。

从 20 世纪 90 年代开始，人们越来越重视单片机在智能电子技术方面的开发和应用，单片机的发展进入新的阶段，无论是自动测量还是智能仪表的实践，都能看到单片机技术的身影。当前工业发展进程中，电子行业属于新兴产业，电子信息技术与单片机技术相融合，有效提高了单片机的应用效果。作为计算机技术的一个分支，单片机技术在电子产品领域的应用丰富了电子产品的功能，也为智能化电子设备的开发和应用提供了新的出路，实现了智能化电子设备的创新与发展。

一般来说，要使用单片机开发产品需要完成以下工作。

（1）电路板设计：单片机是以电路板为载体的，需要进行电路板设计，即把单片机和其他元件在电路板上连接起来。

（2）单片机编程：在单片机中用户所需要的功能一般都是编程来实现的，需要程序开发。

（3）电路板焊接：需要把单片机等相关元件焊接到电路板上。

（4）调试：通常情况下，开发不会一次就成功，需要不断找错和调试。

（一）单片机硬件

目前市场上，常见的单片机系列有51内核、AVR、PIC以及ARM内核（如STM32）等不同的系列，选择哪种单片机要结合自身条件及工作场景要求，例如，运算量、运算速度、容量、功能和成本等。

单片机芯片包含微处理器（CPU）、存储器（存放程序指令或数据的ROM、RAM等）、I/O接口及其他功能部件如定时/计数器、中断系统等，它们通过地址总线（AB）、数据总线（DB）和控制总线（CB）连接起来。由于单片机类型繁多，且特性不能一概而论，下面以CC2530为例讲解单片机的硬件及开发软件。

CC2530是用于2.4 GHz IEEE 802.15.4、ZigBee和RF4CE应用的一个真正的片上系统（SoC）解决方案。它能够以非常低的总材料成本建立强大的网络节点。除此之外，它结合了领先的RF收发器的优良性能，业界标准的增强型8051 CPU，系统内可编程闪存，8 kB RAM和许多其他强大的功能。CC2530有四种不同的闪存版本，即CC2530F32/64/128/256，分别具有32/64/128/256 kB的闪存功能。CC2530具有不同的运行模式，使得它尤其适应超低功耗要求的系统。运行模式之间的转换时间短进一步确保了低能源消耗。CC2530如图2-5所示。

CC2530大致包括以下六种组件。

1. CPU

CC2530系列中使用的8051 CPU内核，是

图 2-5　CC2530

一个单周期的 8051 兼容内核。它有三种不同的内存访问总线（SFR、DATA 和 CODE/XDATA），单周期访问 SFR、DATA 和主 SRAM。它还包括一个调试接口和一个 18 输入扩展中断单元。

2. 内存仲裁器

内存仲裁器位于系统中心，通过 SFR 总线把 CPU、DMA 控制器和物理存储器以及所有外部设备连接起来。内存有四个内存访问点，每次访问可以映射到三个物理存储器之一：一个 8 kB SRAM、闪存存储器和 XREG/SFR 寄存器。内存负责执行仲裁，并确定同时访问同一个物理存储器之间的顺序。

3. 中断控制器

中断控制器总共提供了 18 个中断源，分为 6 个中断组，每个与 4 个中断优先级之一相关。当设备从活动模式回到空闲模式，任一中断服务请求就被激发。一些中断还可以从睡眠模式唤醒设备。

4. 存储器

32/64/128/256 kB 闪存块为设备提供了内电路可编程的非易失性程序存储器，映射到 XDATA 存储空间。除了保存程序代码和常量以外，非易失性存储器允许应用程序保存必须保留的数据，这样设备重启之后仍可以使用这些数据。

5. 时钟和电源管理

数字内核和外部设备由一个 1.8 V 低压差稳压器供电。它提供了电源管理功能，可以实现使用不同供电模式的长电池寿命的低功耗运行。有五种不同的复位源来复位设备。

6. 无线设备

CC2530 具有一个 IEEE 802.15.4 兼容无线收发器。RF 内核控制模拟无线模块。另外，它提供了 MCU 和无线设备之间的一个接口，这使得它可以发出命令，读取状态，自动操作和确定无线设备事件的顺序。无线设备还包括一个数据包过滤和地址识别模块。

（二）单片机开发软件

单片机开发的每一项工作都需要一定的工具或者软件作为支撑。单片机种类繁多，那么相对应的单片机开发软件自然也很多。以 CC2530 为例，开发一般需要用到两个软件：编程软件和烧写软件。编程软件我们使用 IAR，烧写软件使用 SmartRF Programmer。

1. IAR 软件

IAR 软件是一种非常有效的嵌入式系统开发工具，使用户能够充分、有效地开发并管理嵌入式应用项目，其界面类似于 MS Visual C++，可以在 Windows 平台上运行，功能十分完善。IAR 包含有源程序文件编辑器、项目管理器、源程序调试器等，并且为 C/C++ 编译器、汇编器、连接定位器等提供了单一而灵活的开发环境。它还提供了对第三方工具软件的接口，允许启动用户指定的应用程序。

IAR 软件适用于开发基于 8 位、16 位、32 位的处理器的嵌入式系统，其具有同一界面，用户可以针对多种不同的目标处理器，在相同的集成开发环境中进行基于不同 CPU 嵌入式系统应用程序的开发。另外，IAR 的链接定位器（Xlink）可以输出多种格式的目标文件，使用户可以采用第三方软件进行仿真调试。IAR 软件操作界面如图 2-6 所示。

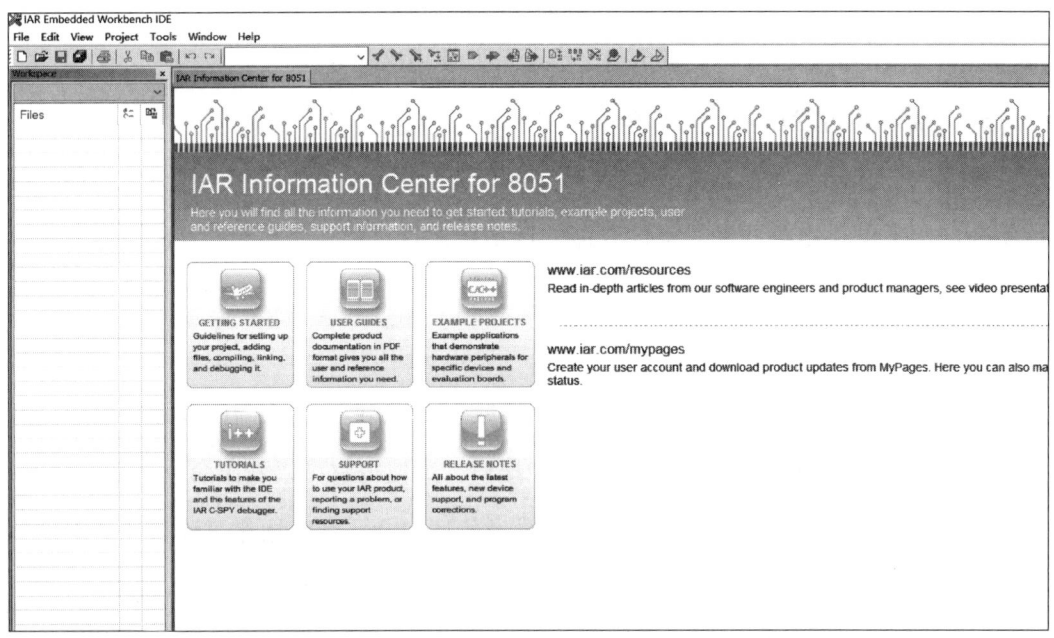

图 2-6　IAR 软件操作界面

2. SmartRF Programmer

SmartRF Programmer 是 Flash 烧写工具，CC2530 可通过该工具烧写固件。SmartRF Programmer 软件操作界面如图 2-7 所示。

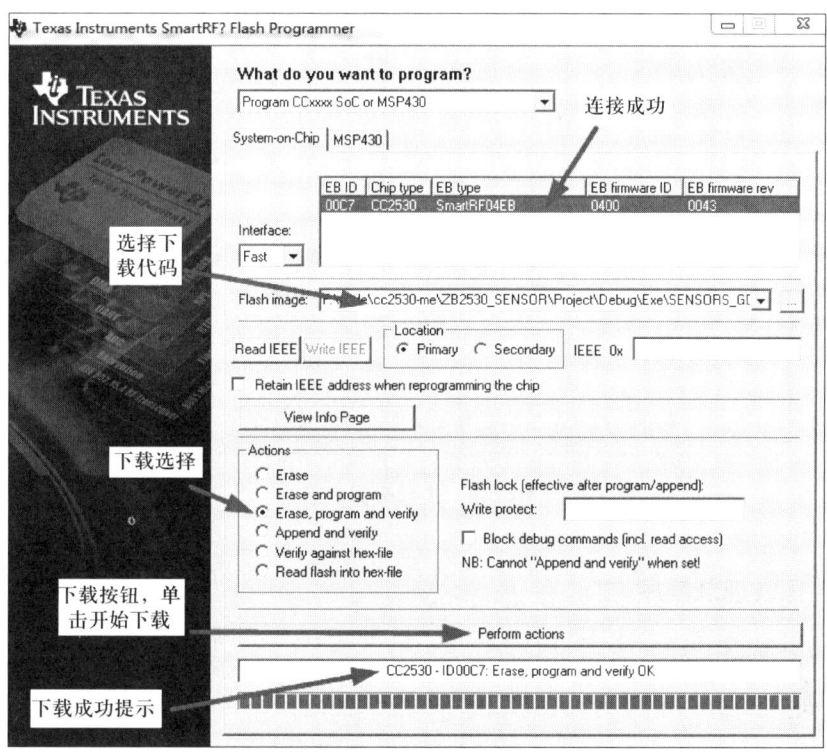

图 2-7　SmartRF Programmer 软件操作界面

（三）单片机开发工具

CC-Debugger 是 CC 系列芯片的仿真器，用于对芯片的仿真器调试。既可以利用 CC-Debugger 在 SmartRF Programmer 中下载程序，也可以在 IAR 软件中下载。CC-Debugger 仿真器如图 2-8 所示。

如果是在 IAR 集成开发软件中下载程序，并使用 CC-Debugger 仿真器进行烧写，那么需要在 IAR 软件中进行相应的配置，工程配置界面如图 2-9 所示。

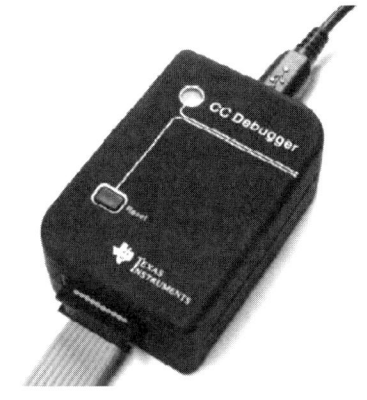

图 2-8　CC-Debugger 仿真器

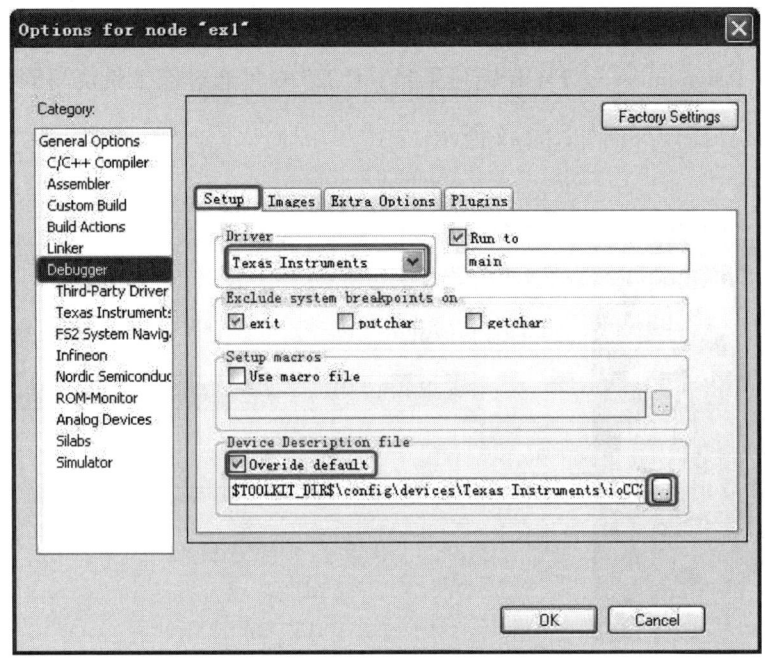

图 2-9 工程配置界面

（四）在线烧录程序

IAR 在线烧录程序的步骤如下。

第一步：调试好程序，确保编译成功。

第二步：连接仿真器。首先关掉开发板上的电源；其次用 10P 排线将仿真器上的 10P 牛角座与开发板上的 10P 牛角座相连，用 USB 线将仿真器上 USB 接口与计算机上的 USB 接口相连接；最后接通开发板上的电源。这时可以看到仿真器上的指示灯呈红色，表明仿真器还不能与开发板进行通信。按下仿真器上的复位按钮，使仿真器复位，可以看到仿真器上的指示灯呈绿色，表明仿真器与开发板通信成功，可以通过仿真器给开发板下载程序或者对程序进行硬件仿真调试。

第三步：下载程序至开发板中。首先使 IAR 进入文件编辑状态，单击 IAR 的下载调试图标，IAR 就会将程序下载至开发板中，并进入调试状态。下载调试工具图标如图 2-10 所示。然后在调试状态下的 IAR 窗口中单击结束

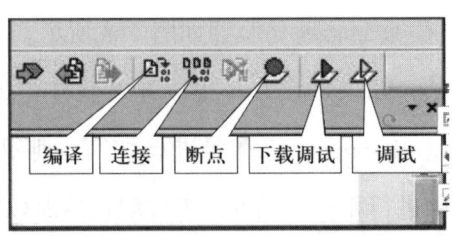

图 2-10 下载调试工具图标

调试工具图标，退出调试状态。最后关闭开发板的电源，再拔掉仿真器与开发板的连接线，然后给开发板上电，开发板就会运行所下载的程序。

第二节　操 作 系 统

本节首先对操作的定义进行讲解，包括操作系统的发展、分类和功能等；接着对操作系统体系结构与运行机制进行讲解，包括操作系统体系及分类、操作系统内核和运行机制；然后对进程管理进行讲解，包括程序和进程概念、进程状态等；最后对嵌入式操作系统进行讲解，包括嵌入式操作系统，以及常用操作系统。

考核知识点及能力要求：
- 熟悉操作系统的管理功能。
- 了解操作系统的内核结构。
- 掌握操作系统的运行机制。
- 掌握程序与进程的概念。
- 了解常见的嵌入式操作系统。

一、操作系统定义

世界上第一台计算机于 1946 年诞生，初期并没有操作系统的加持，主要采用按钮方式操控。后期为了满足计算机操作的需求，实现对计算机程序的控制与公用，引入了操作系统。操作系统作为用户与计算机所连接的窗口，用户可通过操作系统传输命令来更加方便地使用计算机系统的各个部件功能，通过操作系统即可管理硬件、软件等各种数据资源，利用控制程序运行进一步减轻人工分配资源的工作量。操作系统实际上是以软件形式存在的，为应用程序提供简单的操作服务。操作系统的层次结构如图 2-11 所示。

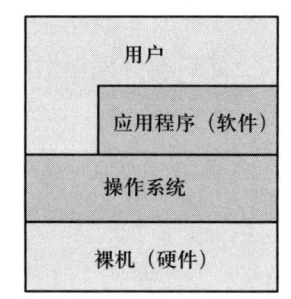

图 2-11　操作系统的层次结构

（一）操作系统的发展

随着计算机技术逐渐渗透到各行各业，操作系统也在不断地完善与发展，以满足用户日益提高的使用需求。操作系统承担着系统调度、协调优化与环境运行等一系列功能，更加趋于人性化，并在不断缩小计算机的体积与质量的同时，提高计算机的整体性能。现代化操作系统不断朝着专用化、便捷化、安全化、智能化和小型化的趋势发展。根据操作系统的演变史，其发展可以分为六个阶段，分别是手工操作阶段、单道批处理系统阶段、多道批处理系统阶段、分时系统阶段、实时系统阶段和现代操作系统阶段。

1. 手工操作阶段

这个阶段可以追溯到 1946—1955 年。当时不存在操作系统与应用程序的概念，计算机的主要元器件是电子管。用户通过人工的方式操作管理计算机硬件的运作，使用机器语言编写程序，利用纸带、卡片、插件板等工具输入输出完成科学计算。因此，一台计算机仅能满足一个用户的使用，运算速度慢、效率低下，且要求用户必须是非常专业的技术人员才能完成对计算机的控制。

2. 单道批处理系统阶段

1955—1965 年，计算机的主要元器件由晶体管取代，引入脱机技术，将一批作业事先输入到磁带上，并利用监督程序控制作业的输入，使该批作业按顺序逐个处理，直至整个磁带上面的程序全部完成。单道批处理指的是一次仅能实现一个处理作业的运行。

3. 多道批处理系统阶段

1965—1980 年，为了提高处理器的利用率，在单道批处理系统的基础上引入多道批处理系统。与单道批处理不同的是，用户将作业提交成一个队列，调度程序根据既定的策略，选择若干作业调入内存，通过组织作业实现处理器总有一个作业用于执行，并且内存中可能同时存在多道作业。

4. 分时系统阶段

分时系统存在于 20 世纪 70 年代至今。为实现用户与计算机系统直接交互的功能，分时操作将处理器的运行时间分成不同的时间片，按时间片轮流把处理器分配给每个进程使用，一个进程仅占用一个时间片，当时间片到期，进程需释放时间片给其他进程使用。分时系统满足多个用户同时使用，实现了程序的并发，每个用户能够通过各自终端控制其作业的运行。

5. 实时系统阶段

实时系统为满足请求的及时响应，利用时间驱动的方式，系统在严格时间范围内快速响应，调度可利用资源用于完成生产过程，并且还能通过现场数据的采集及时进行分析处理。实时系统具备多路性、独立性、及时性、交互性等优势。

6. 现代操作系统阶段

现代操作系统正处于大规模集成电路时代，伴随着微处理器的出现，计算机的体系结构更加优化，满足高运行速度的同时，计算机的体积也慢慢减小，朝着个人与便携式的方向发展。现代操作系统可以将同一任务下发至多台计算机进行操作执行，可满足多种用户的需求。

（二）操作系统的分类

操作系统在开发过程中一直以实用性为核心目标，不同计算机操作系统间存在较大差异，包括个人计算机、服务器以及超级计算机等，根据计算机的特性就需要不同的操作系统支撑。作为计算机复杂的组成部分，操作系统的分类没有单一的标准，可分别从用途、工作方式、运行环境与源码开放程度等方面进行划分。

1. 用途

从用途方面可将操作系统分为专用操作系统与通用操作系统。专用操作系统主要用于控制管理专项事务，通常在特定的环境、途径当中使用，更偏向于操控专项事物，比如手机操作系统、嵌入式操作系统等；通用操作系统不限定应用领域与场景，具备功能完善的全面化操作系统，能够满足多种用途的需要，例如，Windows、Linux 等操作系统。

2. 工作方式

从工作方式角度可将操作系统分为批处理操作系统、实时操作系统、分布式操作系统、分时操作系统、网络操作系统等。网络操作系统和分布式操作系统主要依赖于多计算机系统环境中运行，其他系统的运行环境主要用于单台计算机系统。

3. 运行环境

从运行环境角度可将操作系统分为桌面操作系统、嵌入式操作系统、服务器操作系统等。桌面操作系统可采用图形化操作界面，用户通常利用鼠标或键盘发出命令进行操控，体现功能数据的集中化管理与人性化的人机界面；服务器操作系统一般用于在大型计算机上安装操作系统，包括应用服务器、数据服务器等，并且对于管理、配置、稳定、安全等功能提出了更高的需求；嵌入式操作系统的用途广泛，具有管理复杂系统资源的功能，主要用于执行非计算机设备的特定任务，实现应用程序对于硬件设备的访问。

4. 源码开放程度

从源码开放程度角度可将操作系统分为开源操作系统与闭源操作系统。开源操作系统指的是系统源代码面向用户进行开放，具有开放源码与自由定制的特点，用户可遵循开源协议完成使用、编译和再发布；闭源操作系统指的是操作系统不开放源码，有效避免了开源所造成的不可预知与信息安全的问题。

（三）操作系统的功能

操作系统作为应用程序应用的基础，为用户提供基础服务。从小型企业办公到大型工业化自动系统，都需要用到操作系统，实现对硬件设备与软件应用的直接监管，对数据资源的调度管控，操作系统的各个功能相辅相成，共同完成对计算机的控制，操作系统功能主要包括处理器管理、存储管理、设备管理、文件管理与作业管理。

1. 处理器管理

管理处理器是操作系统的核心功能。处理器是否正常运行影响着计算机的整体性能，处理器管理的主要任务是及时有效地处理中断事件，并且可针对不同实施活动作业，实现对处理器的合理调度分配，确保资源应用到最佳程度，带动高速设备与低速设备的合理应用，保证设备的有效运行。

2. 存储管理

操作系统需完成多个应用程序的运行，利用存储管理用于保证应用程序在执行过程中不出现冲突，并且分配任务文件所产生的存储空间，保证各自应用存储空间独立的同时，实现应用程序无法影响系统程序。存储管理主要包括存储分配、存储共享、存储保护和存储扩张等功能。

3. 设备管理

随着计算机系统的逐渐完善，外部设备日益增多，由于设备操作性能均存在差异，设备的管理和控制是操作系统需要解决的难题，设备管理分为设备分配与输入/输出控制两个功能。

（1）设备分配。用户将使用外部设备请求发出后，操作系统立即响应，依据分配策略完成统一分配，最后将对应简单的命令提供给用户。

（2）输入/输出控制。结合用户提出的请求控制外部设备请求，设备管理程序针对外部设备完成输入/输出操作，若外部设备出现中断故障，设备管理程序主动做出响应并完成处理。

4. 文件管理

文件管理针对操作系统的信息包括运行程序、运行数据等内容进行分类和排序，实现操作系统中每个文件都具有一个文件名称，并提供便捷的操作命令给用户，主要包括文件存储、目录管理、文件修改、文件检索和文件保护等功能。

5. 作业管理

作业主要指的是用户请求操作系统完成的一个独立任务，每个独立任务的完成都需要经过多个加工步骤，每个加工步骤又由多个作业步组成。作业管理主要包括作业调度与控制管理两个功能。作业调度表示的是操作系统结合相应的策略，在多个程序作业中合理选取作业，并合理分配共享资源用于作业的执行。常见的作业调度策略包括先来先服务策略、最短作业优先策略、优先数策略以及分类调度策略等。

二、操作系统体系结构与运行机制

随着操作系统的不断发展，操作系统的体系结构和运行模式也发生了巨大的变化。

操作系统以系统软件的形式存在，对于操作系统的构建主要采用体系结构的设计来完成，而体系结构主要是指操作系统的组成模块与模块间的接口，通过各个模块间的信息交互来实现操作系统的功能。任何一个操作系统都必须包含一个基本的程序集合，通过操作系统的内核可以为底层可编程部件提供服务的同时，为应用程序提供运行的环境，实现操作系统的方便性、易扩展性和高效性。操作系统的执行过程即为计算机处理器支持机器指令的过程，操作系统的运作机制主要围绕两种指令、两种处理状态和两种程序展开。

（一）操作系统体系结构分类

随着计算机体系结构和计算模式的发展，操作系统的体系结构由早期的简单体系结构演变为复杂的虚拟机结构，用户对操作系统的使用需求也越发多样化，因此，体系结构的设计直接影响着操作系统的整体性能。常见的操作系统体系结构包括简单体系结构、层次结构、微内核结构和虚拟机结构等。

1. 简单体系结构

作为操作系统诞生初期的原始体系结构，简单体系结构受到当时环境因素的影响，包括硬件性能、平台等方面的限制，导致操作系统结构概念模糊且混乱，对于接口与功能层次并无划分，一个模块需要完成多个功能，模块之间无次序之分，可以随意调用，甚至出现操作系统应用程序与内核程序的运行地址和空间一致的现象。简单体系结构本质上是由小的实验性项目演变而来的，其目的为利用最小的空间提供最多的功能，将一系列过程和项目进行简单的组合，运用方法也较为简单，致使其结构宏观上非常模糊。

2. 层次结构

为解决简单体系结构各模块间相互调用、相互依赖的问题，层次结构利用分层的优势，采用高级程序语言配合模块化分层设计的方法将操作系统的模块全部进行层次化排列，基础模块设计于底层，各个层次的模块间仅存在单向调用关系，层次内部构造包括若干数据与操作，高层次模块可调用底层模块，且每一层次均提供操作接口作为其高层次访问的唯一渠道，用以满足高层次的调用，而低层次模块无法依赖高层次模块，采用层次结构有效避免了模块间调用的无规则性，层次结构如图 2-12 所示。

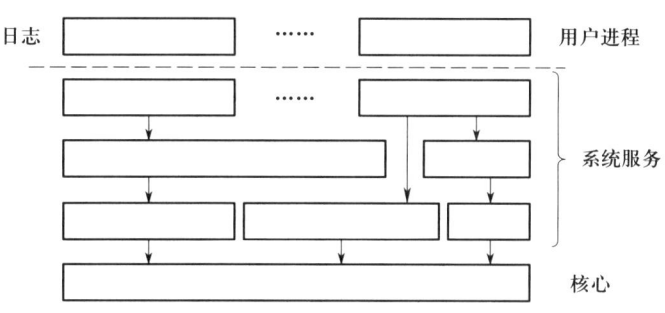

图 2-12 层次结构

为保证系统的可靠性,在程序语言设计阶段需确认层次间各模块的设计是否正确,处于不同层次的模块间不可相互交换位置。

3. 微内核结构

微内核结构又称为服务器结构或客户机结构,适用于分布式处理的计算环境。由于在层次结构中,将设备管理服务、网络管理服务、进程管理服务均存放于内核中,因此,强内核的产生导致系统扩展性和移植性受到限制。为提高操作系统的安全性与可靠性,程序开发阶段将操作系统核心功能模块存放至高层次,仅剩下容量较小的内核用于完成操作系统的基本功能,实现服务器与客户端间的通信,将该内核称为微内核。微内核结构如图 2-13 所示。

微内核结构操作系统的大部分代码只需基于统一硬件体系结构上设计即可,利用公共硬件抽象层可将内核移植到新的硬件体系结构当中,具有内核小、灵活性和扩展性高的优势,但也因为仅有一个微内核载体,所以操作系统效率低下。

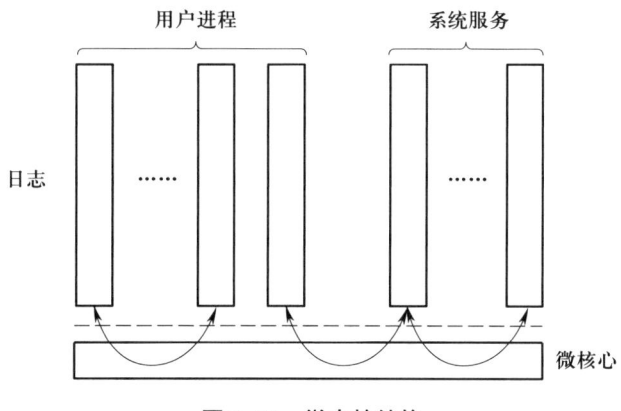

图 2-13 微内核结构

4. 虚拟机结构

虚拟机作为应用与硬件层面上的一个软件，具有多道程序的处理功能，并且可提供方便扩展的计算机界面，实现完整硬件系统功能，因此，虚拟机可运行的操作系统与硬件一致。与传统操作系统不同的是，由于虚拟机操作系统通过复用硬件资源进行多台虚拟机的供给，因此，形成多台不同虚拟机操作运行于同一台硬件设备之上，并且间接实现了系统间的资源共享，对于虚拟机资源具备完全保护的安全性，但系统虚拟机操作系统不存在文件系统的功能，且不满足应用程序直接运行的环境要求。

（二）操作系统内核

操作系统内核由多个内核程序组成，是操作系统最重要、最核心的部分，也是最接近硬件的部分。内核提供进程/线程管理、低级存储器管理、中断和陷入处理等功能，负责管理系统的进程、内存、设备驱动程序、文件和网络系统等，且决定着系统的性能和稳定性。内核结构如图 2-14 所示。

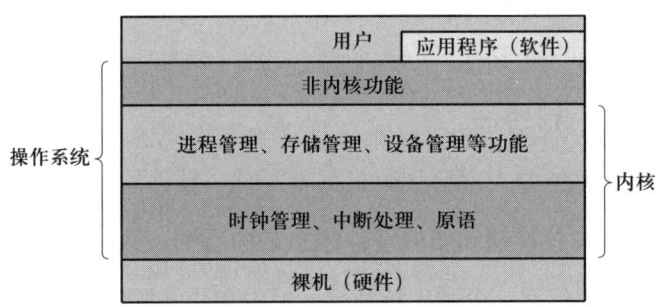

图 2-14 内核结构

1. 内核的基本功能

内核作为操作系统的核心，掌握着所有硬件设备的控制权。内核文件中包含了驱动主机各项硬件的检测与驱动，提供了一套统一的接口，使开发人员能轻松地调用计算机的各个部件。内核的基本功能包括中断处理、时钟管理、进程管理等。

（1）中断处理。此功能是内核最基本的功能之一，是整个操作系统活动的基础。操作系统中许多重要操作是依赖中断来完成的，比如系统调用、输入/输出操作、进程调度、设备驱动等。

（2）时钟管理。在时间片轮转调度中，每当时间片用完时，便由时钟管理产生一个中断信号，促使调度程序重新进行调度。

（3）进程管理。进程管理负责进程的调度、分派、创建和撤销等，实现进程同步、进程通信。

（4）存储器管理。存储器管理将逻辑地址转换为物理地址，实现内存的分配与回收等。

（5）驱动管理。系统的每个操作都会映射到一个物理设备上，设备控制操作由特定的寻址代码来进行，这些代码称为设备驱动。内核中必须安装相应的设备驱动，设备才能正常使用。

（6）网络管理。所有的路由和地址解析都在内核中完成，内核负责在程序和网络接口之间递送数据报文。

2. 内核进程调度策略

进程调度是保证进程能够有效工作的一个内核子系统。调度程序负责决定将哪个进程投入运行、何时运行以及运行的时间。调度程序是多任务操作系统的基础，其原则是最大限度地使用处理器的资源。

多任务操作系统可以分为抢占式多任务和非抢占式多任务。抢占式多任务由调度程序来决定何时停止一个进程的执行，这种由调度程序强行停止一个进程执行的动作称为抢占。非抢占式多任务由进程自己做出让步，在执行了一段时间后，主动地让出处理器，进程主动挂起操作称为让步。

进程根据资源使用可以分为输入/输出消耗型和处理器消耗型。输入/输出消耗型进程的大部分时间用来进行输入/输出的请求或者等待。如键盘这种类型的进程经常处于可运行状态，但是运行时间较短，多数时间都处于阻塞状态。处理器消耗型进程的大部分时间用于处理器上的运算，比如进行电路仿真软件操作，除非被抢占，否则该进程将一直运行。此类进程没有太多的输入/输出需求，调度策略往往是尽量降低调度频率，以延长其运行时间。

调度算法中最基础的一类是基于优先级的调度，根据进程的重要性和对处理器时间的需求来进行进程的分级，实时进程的优先级相较于普通进程更高。优先级高的先运行，优先级低的后运行，调度策略在进程响应迅速和最大系统利用率之间寻求平衡。

（三）操作系统运行机制

操作系统作为多用户、多任务的应用程序，运行机制对于系统正常运行、保障系统策略的正确实施具有重要意义。运行机制的基本思路是两种指令、两种处理状态和两种程序。

1. 特权指令与非特权指令

指令表示的是处理器能够识别并完成执行的最基本的语言，而操作系统的两种指令分别是特权指令与非特权指令，于处理器设计阶段已经完成指令的划分。特权指令指的是特殊权限的指令，该指令不允许用户直接执行，并且涉及操作系统的全局，若存在操作不当，可能出现系统崩溃的现象。为保证操作系统的稳定性与安全性，需进行指令的限制。特权指令包括内存清零指令、置中断指令、分配系统资源指令、修改用户访问权限指令等。非特权指令相对于特权指令而言，该指令允许用户直接使用，指令的执行不影响用户与操作系统的运行。常见的非特权指令包括访管指令、逻辑运算指令与算术运算指令等。

2. 用户态和内核态

操作系统的处理状态包括用户态与内核态两种这两种，处理状态均为抽象概念。为保证对操作系统资源的有效利用，针对不同的执行操作定义不同的权限等级。当系统处于用户态下，处理器仅能够执行非特权指令，不涉及硬件资源的访问；而当系统处于内核态下，处理器可以执行特权或非特权指令。一般情况下，若程序申请访问硬件资源或外部硬件产生中断等调用、中断、异常，系统便进入内核态。

3. 内核程序和应用程序

在操作系统中，处理器一般需要执行两种类型的程序，分别是内核程序与应用程序。内核程序作为操作系统的管理者，用于实现操作系统的执行。操作系统的所有内核程序构成了操作系统的内核，可执行特权与非特权指令，并且运行在内核态。应用程序组作为操作系统的被管理者，是由高级语言借助编程工具的使用完成开发的程序，仅能执行非特权指令，运行在用户态下。

三、进程管理

早期的计算机一次只能执行一个任务,采用批处理的方法,由监督系统完成作业的切换,使得作业一个接一个地被处理,例如,必须先获得输入数据,才能进行计算,最后输出结果,早期计算机的处理步骤如图 2-15 所示。

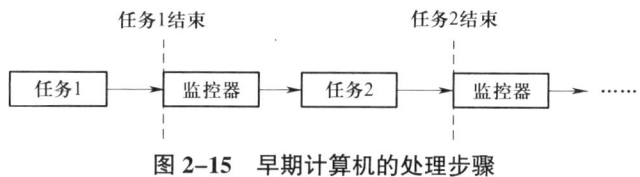

图 2-15　早期计算机的处理步骤

为了满足操作系统管理的方便性,更好地管理内存中运行的各个程序,提高处理器的利用率,设计出了可以在一台计算机上实现多个程序同时加载、并发执行的技术,从而引入了进程的概念。每个加载到内存中的程序都被称为进程,操作系统可以多个进程并发执行,且每个进程会认为其独立占用处理器资源。

(一)程序的概念

计算机程序是一组计算机能够识别和执行的指令,运行于计算机上且得到某种结果的信息化工具,也被称为软件。所有程序都基于机器语言运行,机器语言是一个以二进制数字构成的语言。一般的程序主要由高级语言编写,如 Java、C、C++ 等,写好的程序在编译过程中被编译器转译为机器语言,从而能被计算机识别得以执行。

1976 年,瑞士计算机科学家 Niklaus Wirth 提出著名的程序公式:算法 + 数据结构 = 程序。

数据结构用于描述数据类型以及数据的组织形式。数据结构在程序中负责管理及存储各种数据,根据数据的复杂程度,可分为基本数据类型和复合数据类型。下面以 C 语言为例进行说明。计算机中能够处理的基本数据类型包括字符型、整型、单精度浮点型、双精度浮点型和空类型。在不同的操作系统或硬件平台中,这些数据类型的取值范围和所占的内存大小可能有所不同。复合数据类型是在基本数据类型的基础上,进一步组合演变而成的。复合数据类型是能够存储复杂的数据结构,如 C、C++ 语言中的数组、结构体、共用体、位域和枚举甚至指针类型等。

算法是计算机对数据进行加工、处理和操作的步骤。计算机在处理一个任务时,数据结构是在该任务中抽象出来的可运算的一堆数据，这堆数据可以输入计算机。算法是对这堆数据进行加工整理和计算的方法。计算机程序中的处理步骤可以用几何图形表示，如矩形表示赋值或计算、菱形表示判断。流程之间用线连接，并且使用箭头标明程序的处理方向。

（二）进程概念

进程是操作系统提供的抽象概念，是系统进行资源分配和调度的基本单位。程序是指令、数据及其组织形式的描述，是程序的实体。程序本身是没有生命周期的，它只是存在于磁盘上的一些指令，程序被操作系统转载到内存并分配一定的资源后，此时可称为进程。程序是静态概念，进程是动态概念，进程就是正在运行中的程序。

当程序需要运行时，操作系统将代码和所有静态数据记载到内存和进程的地址空间中，以及创建和初始化栈、分配内存等步骤，完成前期准备工作后，启动程序，操作系统将处理器的控制权转移到新创建的进程中，进程开始运行。

操作系统通过进程控制块（processing control block，PCB）对进程进行控制和管理。PCB通常是系统内存占用区中的一个连续存区，它存放着操作系统用于描述进程情况及控制进程运行所需的全部信息，包含进程标志号、进程状态、进程优先级、文件系统指针以及各个寄存器的内容等。

线程是程序执行中一个单一的顺序控制流程，是程序执行流的最小单元，是处理器调度和分派的基本单位。处理器利用时间片对线程进行调度。处理器在任意时刻只能执行一个代码块，由于处理器计算速度特别快，所以多线程感觉就好像每个线程同时在执行一样。

一个进程可以有一个或多个线程，同一进程中的多个线程将共享该进程中的全部系统资源，如虚拟地址空间、文件描述符和信号处理等，但同一进程中的多个线程有各自的调用栈和线程本地存储。多进程程序安全性高，进程切换开销大、效率低。而多线程程序维护成本高，线程切换开销小、效率高。

协程比线程更加轻量级。协程不被操作系统内核所管理，而完全是由程序所控制。协程可以比作子程序，但执行过程中，子程序内部可中断，转而执行其他子程序，在适当的时候再返回接着执行。协程之间的切换不需要涉及任何系统调用或任何阻塞调用。协程只在一个线程中执行，是子程序之间的切换，发生在用户态上。进程、线程和协程的关系如图 2-16 所示。

（三）进程状态

进程状态即体现一个进程的生命状态。进程执行时的间断性决定了进程可能具有多种状态。

1. 进程状态分类

在五态模型中，进程分为新建、就绪、运行、阻塞、终止，如图 2-17 所示。

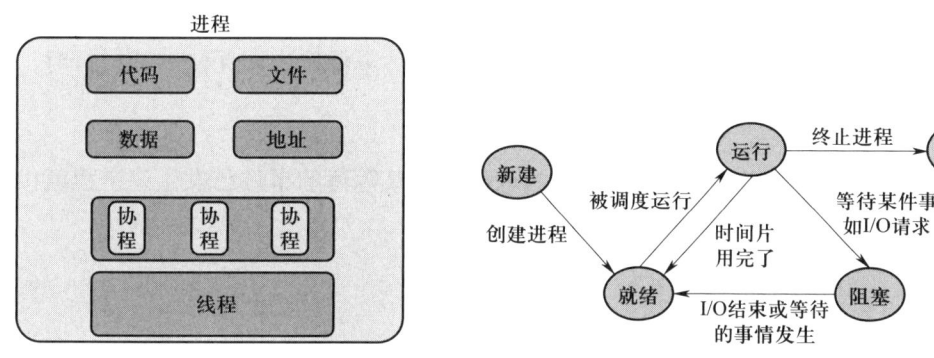

图 2-16　进程、线程和协程的关系　　　图 2-17　进程五态模型

（1）新建。新建状态指的是刚刚创建的进程，操作系统还没有将它加入可执行进程组，通常是进程控制块已经创建但是还没有加载到内存中的进程。

（2）就绪。就绪状态是进程已获得除处理器外的所有资源，等待分配处理器资源，只要分配了处理器资源该进程就可执行。就绪进程可按多个优先级来划分队列。例如，当一个进程由于时间片用完而进入就绪状态时，排入低优先级队列；当进程由输入/输出操作完成从而进入就绪状态时，排入高优先级队列。

（3）运行。运行状态是进程处于就绪状态被调度后，进程进入运行状态，此时进程占用处理器资源。处于运行状态进程的数目小于等于处理器的数目。

（4）阻塞。阻塞状态也称为等待状态，正在执行的进程由于某些事件，如输入/输出请求，申请缓存区失败，而暂时无法运行，此进程受到阻塞。阻塞状态在满足请求时进入就绪状态等待系统调用。

（5）终止。终止状态是进程结束、出现错误或被系统终止。进程一旦进入终止状态就无法再继续执行。

2. 进程状态转换

一个进程在运行期间，不断地从一种状态转换到另一种状态，可多次处于就绪状态和执行状态，也可多次处于阻塞状态。

（1）从就绪到运行。处于就绪状态的进程，当进程调度程序为之分配处理器后，该进程便由就绪状态转换成运行状态。

（2）从运行到就绪。处于运行状态的进程在其运行过程中，因分配的时间片用完或更高优先级的进程抢占而不得不让出处理器资源，于是进程从运行状态转换成就绪状态。

（3）从运行到阻塞。正在运行的进程因等待某种事件发生而无法继续执行时，便从运行状态转换成阻塞状态。

（4）从阻塞到就绪。处于阻塞状态的进程，若其等待的事件已发生，进程就由阻塞状态转换为就绪状态。

四、嵌入式操作系统

（一）嵌入式操作系统概述

嵌入式系统在20世纪60年代就用于对电子机械电话交换的控制，当时被称为存储式程序控制系统，而嵌入式计算机真正的发展是在微处理器问世之后。1971年11月，算术运算器和控制器电路集成组合形成了第一款微处理器。以微处理器作为核心所构成的系统，广泛地应用于仪器仪表、医疗设备、机器人、家用电器等领域。微处理器的广泛应用给嵌入式操作系统带来了广阔的市场。

1. 嵌入式操作系统定义

嵌入式操作系统是一种用途广泛的系统软件，通常包括与硬件相关的底层驱动软件、系统内核、设备驱动接口、通信协议、图形界面、标准化浏览器等。随着计算机网络技术的发展、各种智能家电的普及，嵌入式操作系统加速朝着微型化、智能化、专业化方向发展。嵌入式操作系统在系统实时高效性、硬件的相关依赖性、软件固化以及应用的专用性等方面具有突出的优点。

嵌入式操作系统主要负责嵌入式系统的全部软、硬件资源的分配、调度、控制、协调工作。嵌入式操作系统在物联网设备内部执行基本操作，例如，在没有人工交互的情况下通过网络传输数据。

2. 嵌入式操作系统的特点

传统的操作系统是计算机的一个大型系统软件，是计算机的指挥中心和管家。通过操作系统，可以实现计算机自身硬件和软件的管理，提高计算机资源的利用率，合理地组织计算机的工作流程，增强计算机的处理能力。如 Windows 操作系统提供良好的人机交互界面，方便用户使用计算机。嵌入式操作系统除了具有以上的功能外，还具有以下特点：

（1）可装卸性：体系结构具有开放性、可伸缩性。

（2）强实时性：实时性一般较强，可用于各种设备控制中。

（3）统一的接口：提供各种设备的驱动接口。

（4）操作方便：能提供良好的图形界面，易于用户上手。

（5）强大的网络功能：支持统一的 MAC 访问层接口，为各种移动计算设备预留接口。

（6）强稳定性、弱交互性：一旦运行就不需要用户过多地干预，这就要求系统具有很强的稳定性。

（7）固化代码：应用软件被固化在嵌入式系统计算机的只读存储器中，便于更好地实现硬件的适用性。

（二）常用嵌入式操作系统

目前在嵌入式领域广泛使用的操作系统有：μC/OS-II、嵌入式 Linux、Windows CE、VxWorks 等，以及应用在智能手机和平板电脑上的鸿蒙、安卓、iOS 等。

1. Linux

Linux 是开源、免费的操作系统，其稳定性、安全性、处理多并发性能已得到业界的认可。目前很多企业级的项目，如 C、C++、Python、Java 都部署在 Linux 系统上。Linux 能运行主要的 UNIX 工具软件、应用程序和网络协议，同时支持 32 位和 64 位硬件。目前市面上较知名的发行版本有 Ubuntu、RedHat、CentOS 等。

嵌入式 Linux 是指将标准 Linux 经过轻量化裁剪处理，适合于特定嵌入式应用场合的专用 Linux 操作系统。嵌入式 Linux 兼具 Linux 的特性，具有低成本、多种硬件平台支持、运行稳定和网络支持稳定等优点,并且拥有丰富的主流硬件设备驱动资源。由于 Linux 的可移植性,如无人机、智能音响、机器人、自动驾驶汽车、扫地机器人、手环等众多硬件平台都使用了该系统。嵌入式 Linux 系统包括 ARMLinux、uClinux、ETLinux、ThinLinux、LOAF 等。

uClinux 是 Linux 操作系统的一种,它由 Linux 2.0 内核发展而来,主要有三个基本部分组成:引导程序、uClinux 内核和文件系统。由于 uClinux 操作系统内核定制具有高度灵活性,开发者可以很容易地对其进行配置,并且代码是公开的,开发人员只需了解内核原理就可以自由开发部分软件。uClinux 内核结构与标准 Linux 基本相同,不同的是其对内存管理和进程管理进行了改写,用以满足内存管理单元处理器的需求。由于大多数内核源代码被重写,uClinux 内核相较 Linux 2.0 内核小很多的同时又保留了 Linux 操作系统的稳定性、优异的网络能力、优秀的文件系统支持等优点。

2. 鸿蒙

鸿蒙系统(Harmony OS)是一款全新的面向全场景的分布式操作系统,该系统将人、设备、场景有机地联系在一起,让消费者在全场景生活中接触多种智能终端,实现物物相连、资源共享、智能化生活等体验。

LiteOS 是鸿蒙面向物联网领域开发的一个基于实时内核的轻量级操作系统。LiteOS 体积只有 10 kB 级,该系统只能在配套的硬件上运行,并非通用的操作系统。LiteOS 基础内核包括不可裁剪的极小内核和可裁剪的其他模块。极小内核包括任务管理、内存管理、中断管理、异常管理和系统时钟;可裁剪的模块包括信号量、互斥锁、队列管理、事件管理、软件定时器等。

共享单车是 LiteOS 的成熟应用案例之一,配合窄带物联网实现共享单车上锁。当用户打开自行车锁时,手机应用程序开始计费;当关闭自行车锁时,手机应用程序结束计费。其中,在关锁过程中,车锁利用物联网模块发送信号到物联网平台,物联网平台接收到信号就会告知共享单车的云平台,云平台再将信号发送至手机应用程序,从而完成关锁计费。这套流程早期的版本用的是通用分组无线服务模块,非常耗电,需要 1~2 个月换一次电池。物联网加 LiteOS 方案解决了这一问题,现在共享单车车锁平均可以连续工作 26 个月。另外,在开发时间上也有很大的提升,过去需要一个月完成的开发工作，现在仅需两周即可完成。

3. 安卓

安卓（Android）一词最早出现于科幻小说中，书中将外表像人的机器取名为Android。2007年11月5日，安卓成为基于Linux平台的开源手机操作系统名称，部分硬件制造商、软件开发商及电信运营商组建开放手机联盟共同研发改良安卓系统，随后开放安卓的源代码。安卓由操作系统、中间件、用户界面和应用软件构成，主要应用于移动设备，如智能手机和平板电脑。第一部安卓智能手机发布于2008年10月。

安卓架构包含不同数量的组件来支持不同安卓设备的需求。安卓系统包含开源的Linux内核，并拥有大量的C/C++库，这些库通过应用程序框架服务公开。安卓采用了分层的系统架构，共分为五层，从最上层到最下层依次是应用程序层、应用程序框架层、系统运行库层、硬件抽象层及Linux内核层。

应用程序层在安卓系统中处于最上层的位置。该层包括随系统一起安装的应用程序和第三方开发的应用程序，如邮件、浏览器、播放器等。安卓应用程序是利用安卓软件开发工具包提供的丰富应用程序编程接口集（application programming interface，API），经过Java语言编写而成。

应用程序框架层提供了构建应用程序时可能用到的各种API，安卓自带的核心应用就是利用API完成的，开发者也可通过API来构建独有的应用程序（在遵循架构的安全性限制情况下）。应用程序框架层有助于管理使用应用程序资源的用户界面，还提供活动管理、输入法管理、包管理、资源管理等功能。

系统库主要包括安卓库文件与安卓运行环境。安卓库文件包括各种C/C++库和基于Java的库，为安卓开发提供支持。安卓运行环境是安卓最重要的组成部分之一，它包含核心库和Dalvik虚拟机等组件，提供了应用程序框架的基础。核心库可以使开发者能够使用标准的Java编程语言来实现安卓应用程序开发。

安卓硬件抽象层是硬件供应商实现的接口，允许安卓应用程序或框架与硬件特定的设备驱动程序通信。硬件抽象层使用底层Linux内核提供的功能来服务安卓应用程序或框架层的请求。该层是一个用C/C++语言实现的特定服务于供应商的层，不同的供应商可能存在不同的硬件配置，并以不同的方式支持相同的功能。

Linux 内核是安卓体系结构的核心。内核层是在设备硬件和安卓架构的其他组件之间提供一个抽象层,用于管理运行时所需的可用驱动程序。内核负责处理应用程序和系统之间的安全性,对进程进行管理以及有效地处理网络通信等。

4. iOS

iOS 是为移动设备开发的基于 UNIX 的移动操作系统。iOS 系统最初的名字是 iphone OS,2010 年 6 月 7 日该系统被更名为 iOS。iOS 操作系统可分为四个层级,由上至下分别为触摸框架层、媒体层、核心服务层、核心操作系统层,如图 2-18 所示。

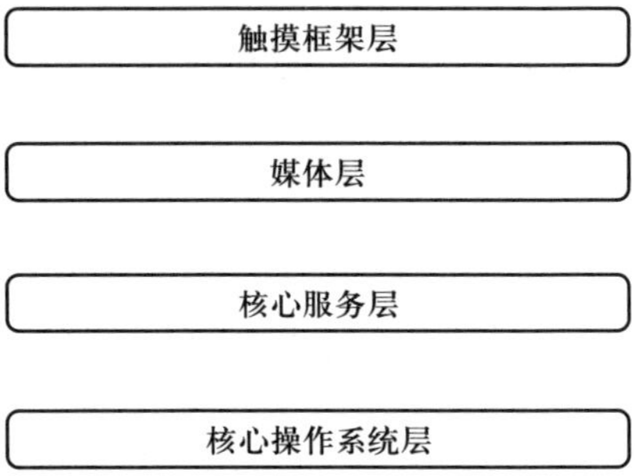

触摸框架层主要为应用程序的开发提供不同的常用框架,而且大多数框架都与界面有关。从本质上来说,该层负责用户在 iOS 设备上的触摸交互事件。媒体层主要为应用程序提供录制音/视频、绘制图形、制作基本动画效果等媒体文件操作的功能。核心服务层主要用于访问 iOS 中的某些服务,比如通过定位服务和移动热点获取位置信息、访问和配置网络等。操作系统层是 iOS 系统的底层,可直接与硬件设备交互,该层包括文件系统、电源管理、内存管理等操作系统任务。

图 2-18 iOS 操作系统的四个层级

第三节 计算机网络

本节前面部分对计算机网络知识进行讲解,包括网络定义、网络分类、网络的性能指标和 ChinaNet 等,后面部分对计算机网络体系结构知识进行讲解,包含网络分层的优点、OSI 七层模型、TCP/IP 四层模型和 TCP/IP 五层模型网络等。

考核知识点及能力要求：

- 理解计算机网络定义、分类和主要性能指标。
- 掌握 OSI 七层模型。
- 掌握 TCP/IP 四层模型。
- 了解 TCP/IP 四层模型和 TCP/IP 五层模型的差异。

一、计算机网络概述

21 世纪，人类全面进入信息时代。信息时代的重要特征就是数字化、网络化和信息化。如今网络已经成为信息社会的命脉和发展知识经济的重要基础，对社会生活的很多方面以及对社会经济的发展已经产生了不可估量的影响和作用。

计算机网络的发展历程为：以数据通信为主的第一代计算机网络；以资源共享为主的第二代计算机网络；以体系标准化的第三代计算机网络；以因特网为核心的第四代计算机网络；未来三网融合的第五代计算机网络。第五代的三网融合并不是指电信网、计算机网和有线电视网的物理合一，而是指高层业务应用的融合。

自 20 世纪 90 年代以来，随着"信息高速公路"计划的提出和实施，以因特网为代表的计算机网络得到了飞速的发展，加速了全球信息革命的进程，将当今世界带入了以网络为核心的信息时代。可以说因特网是人类自印刷术发明以来在通信方面的最大变革。

（一）网络定义

通常所说的网络实际上是计算机网络的简称，也称计算机通信网，是通过通信设备和通信线路，将分布在不同地理位置且功能独立的多个计算机系统相互连接，按照相同的通信协议，实现资源共享和高速通信的系统。计算机网络由若干节点和节点之间的链路组成，如图 2-19 所示。

以小写字母 i 开头的 internet 是通用名词，推荐译名是"互联网"，泛指由多个计算机网络互连而成的网络。互联网即网络的网络，是由多个路由器将多个网络连接组成的一个大范围的网络，在这些网络之间的通信协议（通行规则）只要相互约定即可，并没有指定协议和标准，如图 2-20 所示。

图 2-19 计算机网络

以大写字母 I 开始的 Internet 是专用名词，推荐译名是"因特网"或"英特网"，是指当前全球最大的、开放的、由众多网络互连而成的特定互联网。与互联网不同，因特网指定且必须使用 TCP/IP 协议族作为通信规则。

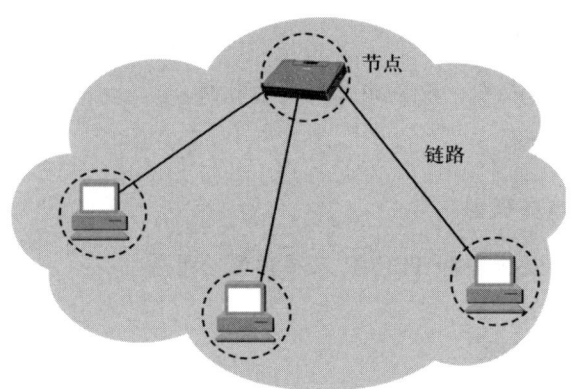

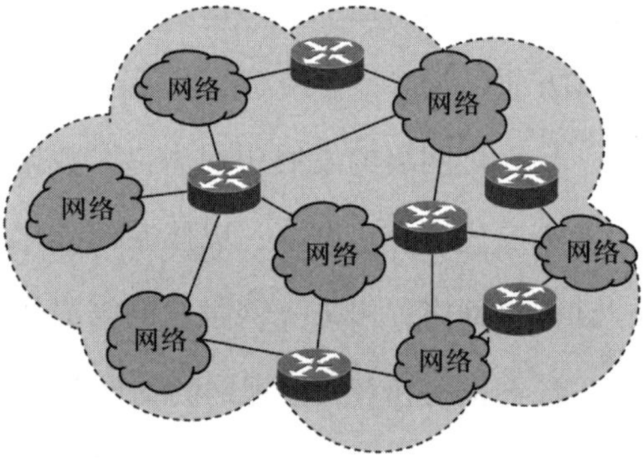

图 2-20 互联网网络

因特网由边缘部分和核心部分构成。

1. 边缘部分

边缘部分由所有连接在因特网上的主机组成。这部分是由用户直接控制使用，用来进行通信（传送数据、音频或视频）和资源共享，并且进行信息处理。边缘部分的通信方式有客户服务器方式、对等连接方式。

2. 核心部分

核心部分由大量网络和连接这些网络的路由器组成，为边缘部分提供连通性和交换服务，按存储转发方式进行分组交换。在网络核心部分起特殊作用的是路由器，其实质是一种专用计算机，是实现分组交换的关键构件。

核心部分的数据交换方式有三种。

（1）电路交换。在两个用户端之间建立一条专用的物理通路，保证了双方通信所需的通信资源，而且这些资源在双方通信时也不会被其他用户占用，适合于数据量很大的实时性传输。电路交换实现的三个步骤：建立连接（占用通信资源）→通话（一直占用通信资源）→释放连接（归还通信资源）。

（2）报文交换。整个报文先传送到相邻节点，全部存储下来后查找转发表，再转发到下一个节点。

（3）分组交换。采用存储转发技术，把较长的报文分成更小的等长数据段，再加上必要的控制信息组成的首部后，就构成一个分组。分组又称为包，分组的首部又称为包头。

这三种交换之间的对比如图 2-21 所示。

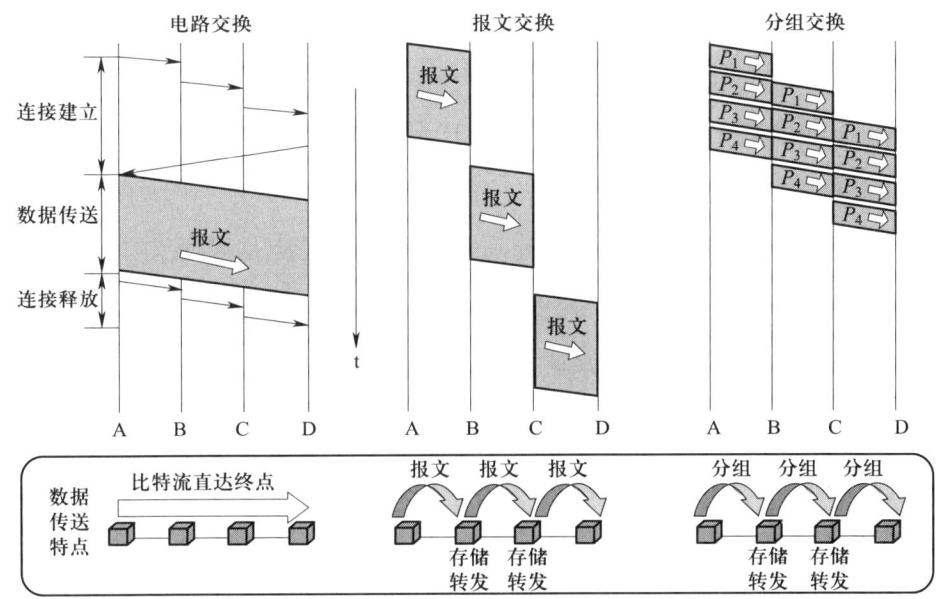

图 2-21　三种数据交换方式对比

（二）网络分类

计算机网络分类的方法很多，从不同的角度观察就有不同的分类方式，主要的几种分类方式说明如下。

1. 根据网络的覆盖范围（距离）划分

（1）广域网。广域网（wide area network，WAN）是利用公共通信设施，在远程用户之间进行信息交换的系统。其特点是分布范围广，一般从数千米到数千千米，可以覆盖几个城市、几个国家甚至全世界。

广域网一般不具备规则的拓扑结构，特点是速度慢、延迟长。入网的站点不参与网络的管理工作，管理工作由复杂的互联设备（如交换机、路由器）负责和处理。我国的四大骨干网有公用计算机互联网、教育和科研网、科学技术网和金桥信息网，均是广域网。国内三大运营商的 NB-IoT 也是广域网中的一种，称为低功耗广域网。

（2）城域网。城域网（metropolitan area network，MAN）是介于广域网和局域网之间的一种高速网络，通常覆盖一个城市或一个地区，是在局域网逐步扩大应用范围后出现的新型网络，为局域网的延伸。目前城域网建设主要采用的是 IP 技术和 ATM 技术。

城域网设计的目标是满足数十千米范围的大量企业、机关、高校和公司的多个局域互联的需求，以实现大量用户之间的数据、语音、图形与视频等多种信息的传输功能。按覆盖范围分类还可有校园网（campus area network）、内部网（internet）、外部网（extranet）和全球网（global area network）。随着计算机网络技术的发展，目前的局域网和城域网的界限已经变得很模糊了，有时也将城域网并入局域网范畴。

（3）局域网。局域网（local area network，LAN）的特点是地理范围有限、规模较小，通常局限于一个单位或一幢大楼内，最大节点数为几百个至几千个，适用于企业、机关、学校等单位。局域网组建方便，建网周期短，见效快，成本低，使用灵活，社会效益大，是目前计算机网络发展最为活跃的分支。

随着计算机技术、通信技术和电子集成技术的发展，现在的局域网可以覆盖几十千米的范围，传输速率可达 10 Gbit/s，具有数据传输率高、误码率低、传输延迟短等特点。

（4）个人区域网。个人区域网（personal area network，PAN）是在个人工作的地方，把属于个人使用的电子设备用无线技术连接起来的网络，也称无线个人区域网（wireless personal area network，WPAN），其范围很小，在 10 m 左右。

2. 根据网络的拓扑结构划分（网络连接方式）

（1）总线型网络拓扑结构是指采用单根数据传输线作为通信介质，所有的站点都通过相应的硬件接口直接连接到通信介质，而且能被所有其他站点接收。由于所有的节点共享一条公用的传输链路，所以一次只能由一个设备传输。总线型网络拓扑结构如图 2-22 所示。

（2）星型网络拓扑结构是指每一个远程节点都通过一条单独的通信线路直接与中心节点连接，如图 2-23 所示。中心节点连接可以是文件服务器本身，也可以是一个专门的接线中心，如集线器或者交换机。

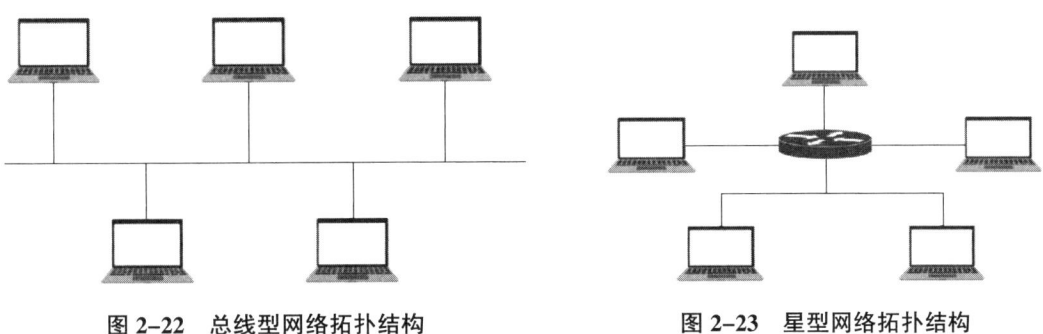

图 2-22　总线型网络拓扑结构　　　　　　图 2-23　星型网络拓扑结构

星型网络拓扑结构的一种扩充便是星型树。每个交换机与用户的连接仍为星型，交换机的级连形成树型。

（3）环形网络拓扑结构是一个像环一样的闭合链路，由许多中继器和通过中继器连接到链路上的节点连接而成，如图 2-24 所示。在环形网中，所有的通信共享一条物理通道，即连接了网中所有节点的点到点链路。在环形网中信息流只能是单方向的，每个收到信息包的站点都向它的下游站点转发该信息包，直至目的节点。通常使用令牌来决定哪个节点可以访问通信系统。

（4）网状型拓扑结构。将多个子网或多个网络连接起来构成网状型拓扑结构。在一个大的区域，用无线电通信链路连接一个大型网络时，网状型是最好的拓扑结构，如图 2-25 所示。其优点是网络可靠性高。一般通信子网中任意两个节点之间存在着两条或两条以上的通信路径，当一条路径发生故障时，还可以通过另一条路径发送信息。

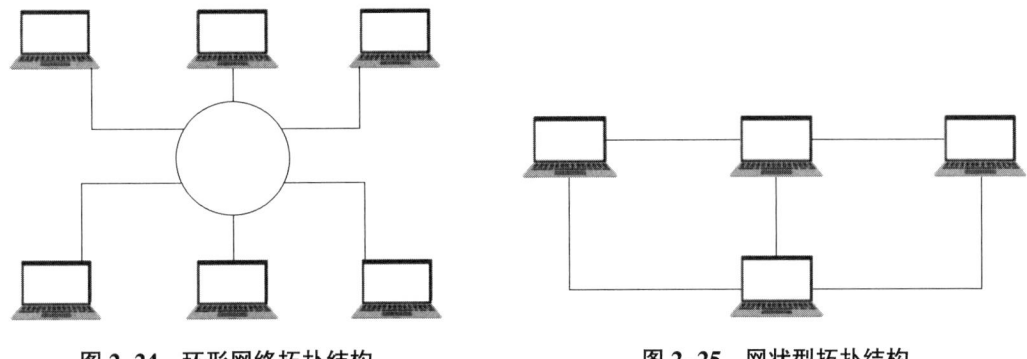

图 2-24　环形网络拓扑结构　　　　　　图 2-25　网状型拓扑结构

3. 根据网络的使用性质进行分类

（1）公有网。网络业务提供商（internet service provider，ISP）向用户综合提供因特网接入业务、信息业务和增值业务，这些由网络业务提供商出资建造的大型网络就是公有网。公用的意思是所有愿意按网络业务提供商的规定缴纳费用的人都可以使用这种网络。国内前三的网络业务提供商是中国电信、中国移动和中国联通。

（2）专用网。某个部门或行业为自己的需要而建造的网络。专用网不向外人提供服务，军队、铁路、交通、电力等均有本系统的专用网。

局域网一般都是专用网，通常都是为某个单位所拥有，非本单位的人一般无法使用该单位局域网。当然也有例外，例如，某大学的国家重点实验室中的局域网，因为国家重点实验室必须是开放的，所以给该重点实验室进行研究工作的外单位人员也可以使用。

专用网也不一定都是局域网，例如，军队、铁路、交通和电力等行业的专用网，因为这些网络覆盖全国，所以都是虚拟专用网，是广域网的一种。

4. 根据连接方式进行分类

（1）有线网络。采用有线通信技术实现的网络叫有线网络。有线传输的介质有双绞线（网线）、同轴电缆和光纤等。有线网络主要借助双绞线或光缆等有形媒介完成信息的传递，将数据由输入端口传送至目标通信端口。由于采用有形媒介通信，因此，有线网络的主要特点是信号的稳定性强且安全性高。有线网络最主流的应用是以太网，适合于固定场合使用，优点是速度快、延时小、成本低。

（2）无线网络。无线网络作为有线网络的延伸，采用无线电波、微波、红外线和激光等作为载体实现信息传递。无线网络通过灵活的组网方式解决了网络布线的空间范围限制问题，但其容易受到信道的干扰，降低信息的传递效率。无线网络主流的应用是通过公众移动通信网实现的无线网络（运营商的4G/5G）和Wi-Fi（无线局域网）两种。无线网络的优点是没有连接线的限制，移动方便。

有线网络与无线网络均具有各自的优势，在实际运用当中，为权衡有线网络与无线网络，规避二者的缺陷，通常采用有线网络与无线网络有机整合的方案，在提高网络传输质量的同时也提高网络部署的便携性。

5. 根据传输技术进行分类

（1）广播式连接。广播式连接的网络中所有计算机共享一个公共通信信道，即多个计算机连接到一条通信线路上的不同分支点。任意一个节点所发出的报文分组被其他所有节点接收，计算机则根据数据包中的目的地址进行判断，若是发给本机，则接收，否则便丢弃该数据包。总线型以太网就是典型的广播式连接网络。

广播式连接网络可分为静态网络和动态网络，划分的原则是信道的分配方式，大多数系统都采用动态分配信道。

（2）点对点连接。又称为点对点网络或对等式网络，网络中的通信节点间存在一条专用通信线路。点对点网络是无中心服务器、依靠用户群交换信息的互联网体系。点对点网络的作用在于减少网络传输中的节点，以降低资料遗失/失密的风险，主用应用于网络隐私要求高和文件共享领域中。以太网中通过交换机连接也是点对点连接。

（三）网络性能指标

当下载文件时，会看到有一个下载速度指示，这个速度在一定程度上反映了当前网络的状态。

衡量网络性能指标有速率、带宽、吞吐量、时延、时延带宽积、往返时延、利用率等。

1. 速率

计算机发送的信号都是数字形式，比特（bit）是计算机中数据量的单位，也是信息量的单位，是指一个"二进制数字"，因此，一个比特就是二进制数字中的一个1或0。网络技术中的速率是指连接在计算机网络上的主机在数字信道上传送数据的速率，它也称为数据率（data rate）或比特率（bit rate）。速率是计算机网络中最重要的一个性能指标，单位为比特/秒（bit/s）。

2. 带宽

带宽本来是指信号具有的频带宽度，其单位是赫（Hz），常用的单位还有千赫（kHz）、兆赫（MHz）、吉赫（GHz）等。在计算机网络中，带宽用来表示网络中某通道传送数据的能力，表示在单位时间内网络中的某信道所能通过的"最高数据率"。通常把最高数据传输速率称为带宽，网络带宽单位的符号为 bit/s，但有时也把带宽的 bit/s 当成速率的单位。

在装宽带时经常说带宽是 100 M，带宽单位是 bit/s，即安装宽带的带宽为 100 Mbit/s。在计算机中以字节（Byte）为单位，通常所说的 100 M 文件，是指文件大小是 100 MB

（字节，注意是大写字母 B）。下载的速率单位为 B/s（字节/秒）。字节与比特的换算：1 B（Byte）=8 bit。因此，在装宽带时说的 100 M 带宽单位换算如下：

$$100 \text{ M 带宽} = 100 \text{ Mbit/s} = 12.5 \text{ MB/s} = 100 \text{ Mbps}$$

3. 吞吐量

吞吐量表示在单位时间内通过某个网络（或信道、接口）的数据量。吞吐量更经常地用于对现实世界中的网络的一种测量，以便知道实际上到底有多少数据量能够通过网络。显然，吞吐量受网络的带宽或网络的额定速率的限制。在上面的例子中，100 M 带宽，其额定速率是 100 Mbit/s，那么这个数值也是该以太网的吞吐量的绝对上限值，由于 IP 包头之类协议占用开销，其典型的吞吐量可能也只有 80 Mbit/s（10 MB/s），通道效率为 80% 或 0.8。有时吞吐量还可以用每秒传送的字节数或帧数来表示。

4. 时延

时延是指数据（一个报文或分组，甚至比特）从网络（或链路）的一端传送到另一端所需的时间。时延是个很重要的性能指标，它有时也称为延迟或迟延。网络中的时延由以下几个不同的部分组成：

（1）发送时延。发送时延是主机或路由器发送数据帧所需要的时间，也就是从发送数据帧的第一个比特算起，到该帧的最后一个比特发送完毕所需的时间。因此，发送时延也叫作传输时延。对于一定的网络，发送时延并非固定不变，而是与发送的帧长（单位是比特）成正比，与信道带宽成反比。

（2）传播时延。传播时延是电磁波在信道中传播一定距离需要花费的时间。电磁波在自由空间的传播速率是光速，即每秒 30 万千米。电磁波在有线传输媒体中的传播速率比在自由空间的要略低一些。

（3）处理时延。主机或路由器在收到分组时要花费一定的时间进行处理，例如，分析分组的首部，从分组中提取数据部分，进行差错检验或查找适当的路由等，这就产生了处理时延。

（4）排队时延。分组在经过网络传输时，要经过许多的路由器。但分组在进入路由器后要先在输入队列中排队等待处理。在路由器确定了转发接口后，还要在输出队列中排队等待转发，这就产生了排队时延。

数据在网络中经历的总时延就是以上四种时延之和，各个时延在网络传输中产生的位置如图2-26所示。

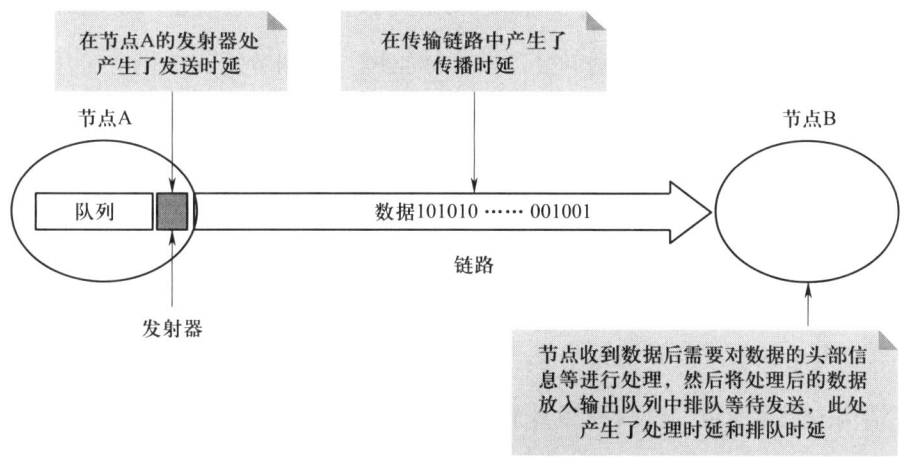

图 2-26　四种时延产生位置

5. 时延带宽积

把度量网络性能的传播时延和带宽相乘，就得到另一个很有用的度量：时延带宽积。时延带宽积指发送端发送的第一个比特到达终点时，发送端已经发出了多少个比特，因此，时延带宽积又被称为以比特为单位的链路长度。

6. 往返时延

在网络中，往返时延也是一个重要的性能指标，它表示从发送方发送数据开始，到发送方收到来自接收方的确认（接受方收到数据后便立即发送确认）总共经历的时间。

7. 利用率

利用率又分为信道利用率和网络利用率两种，其中信道利用率指某信道有百分之几的时间是被利用的（有数据通过），完全空闲的信道的利用率是零；网络利用率是全网络的信道利用率的加权平均值。

（四）ChinaNet 简介

ChinaNet 中文名称为"中国公用计算机互联网"，是国际因特网的一部分，是因特网在中国的骨干网。ChinaNet 是第一个由国人自己设计、建设及运营管理的大型公用计算机互联网，是以 TCP/IP 协议栈技术覆盖全中国所有省市县，以及绝大多数乡镇，以提供公共服务为主要目的，在全国范围内实现用户全透明漫游的大型数据通信网络。ChinaNet 自 1995 年开始建设以来，经过多次扩容升级，目前已经成为中国带宽最宽、覆盖范围最广、网络性能最稳定、信息资源最丰富、网络功能最先进的互联网络。

ChinaNet 与公用电话交换网、公用数字数据网、公用分组交换网、公用帧中继等所有电信基础网络实现了互联；与国内各大互联网络运营商，以及科研、教育网络实现了互联互通；与国际主要互联网服务运营商实现了对等合作。

二、计算机网络体系结构

计算机网络的各层及其协议的集合称为网络体系结构。目前 OSI 体系结构和 TCP/IP 体系结构占主导地位，这两种都属于分层体系结构。

（一）分层的优点

网络模型各层的封装是根据整个网络模型从上到下的工作流程来划分的，协议通过层层封装，得到一个完整的网络包。网络分层的优点如下：

1. 独立性强

各层之间是独立的，某一层并不需要知道它的下一层是如何实现的，而仅仅需要知道该层通过层间的接口所提供的服务。

2. 灵活性高

当任何一层发生变化时，只要层间接口关系保持不变，则在这层以上或以下层均不受影响。

3. 结构上可分割

各层都可以采用最合适的技术来实现。技术的发展往往不对称，层次化的划分有效避免了木桶效应，不会因为某一方面技术的不完善而影响整体的工作效率。

4. 易于实现和维护

这种结构使实现和调试一个庞大又复杂的系统变得容易，因为整个系统已经被分解为若干个相对独立的子系统。在进行调试和维护时，可以对每一层进行单独调试，大幅降低系统调试和维护的难度。

5. 促进标准化

因为每一层的功能及其所提供的服务都已有了精确的说明。标准化的好处就是可以任意替换其中的某一层，对于使用来说十分方便。

（二）OSI 七层模型

OSI 七层模型即开放式系统互联模型（open system interconnection，OSI）。它是一种概念模型，是由国际标准化组织提出的，试图使各种计算机在世界范围内互联的标准框架。也就是说，因为有这个模型，所以一台计算机发送的信息才能被另一台计算机准确地解析出来，两台计算机才能互相交流。OSI 模型是一个逻辑上的定义，是一个规范，建立七层模型的主要目的是解决异种网络互联时所遇到的兼容性问题，其主要功能就是帮助不同类型的主机实现数据传输。

OSI 七层模型的最大优点是将服务、接口和协议这三个概念明确地区分开来，理论完整，如图 2-27 所示。

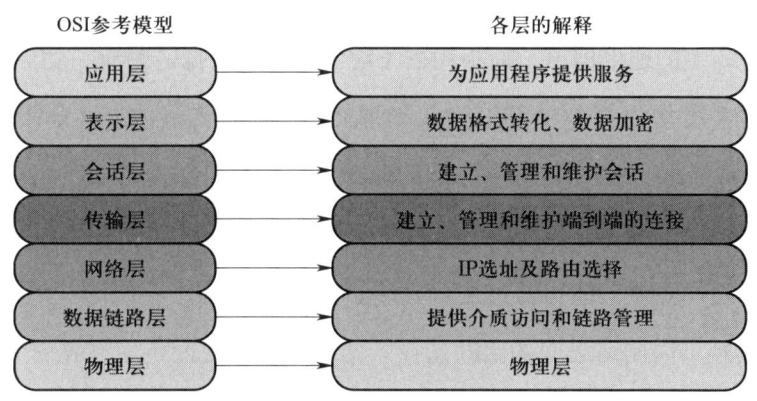

图 2-27　OSI 七层模型

在七层模型中，每一层都提供一个特殊的网络功能。从网络功能的角度观察下面四层（物理层、数据链路层、网络层和传输层），主要提供数据传输和交换功能，即以节点到节点之间的通信为主。第四层作为上、下两部分的桥梁，是整个网络体系结构中最关键的部分；而上三层（会话层、表示层和应用层）则以提供用户与应用程序之间的信息和数据处理功能为主。简言之，下四层主要完成通信子网的功能，上三层主要完成资源子网的功能。

1. 各层功能简介

（1）应用层。主要功能：人与机器交互的窗口，是网络服务与最终用户的一个接口。两个计算机的程序在应用层进行信息交互，完成指定的网络应用，例如，万维网应用、文件传输应用、电子邮件系统等。常见的协议有 HTTP、FTP、SMTP、SNMP、DNS、TELNET、HTTPS、POP3 和 DHCP。

（2）表示层。主要功能：封装数据的格式（加密解密、压缩解压缩），数据的表示、安全、压缩，确保一个系统的应用层所发送的信息可以被另一个系统的应用层读取。

（3）会话层。主要功能：建立、终止、管理实体间的会话连接，对接主机进程和正在进行的会话。

（4）传输层。主要功能：提供可靠和不可靠的传输机制。传输层的作用是提供应用进程之间的逻辑通信，并处理数据包错误、数据包次序，以及其他一些关键的传输问题，而且通过应用进程的端口精准地向不同的应用进程传输数据。传输层向高层屏蔽了下层数据通信的细节，对于应用进程通信来说，就相当于直接在传输层建立了一个端到端的逻辑上的通信信道，而不用去考虑网络层、数据链路层、物理层。

传输层的主要协议是 TCP 和 UDP。如果使用 TCP，传输数据之前需要建立连接，那么对于应用层来说，两个传输层之间的通信信道就是一条全双工的可靠信道；如果使用的是 UDP，传输数据之前不需要先建立连接，相当于建立了一条不可靠信道。

（5）网络层。主要功能：通过逻辑寻址和 IP 地址，在下两层的基础上向资源子网提供服务，实现不同网络之间的路径选择。两台计算机之间传送数据时其通信链路往往不止一条，所传输的信息甚至可能经过很多通信子网，网络层的主要任务就是选择合适的网间路由和交换节点，确保数据按时成功传送。在发送数据时，网络层把传输层产生的报文或用户数据报封装成分组和包，向下传输到数据链路层。在网络层使用的协议是 IP 和路由协议，因此，我们通常把该层简称为 IP 层。

网络层不保证可靠，只提供简单灵活的、无连接的、尽最大努力交付的数据报服务。

（6）数据链路层。主要功能：负责建立和管理节点间的链路，数据链路层的协议有很多，但是它主要的功能就是将网络层给的 IP 数据报封装成帧，进行可靠传输，建立逻辑连接、进行硬件地址寻址、差错校验等功能。目前数据链路层广泛采用的是循环冗余校验（cyclic redundancy check，CRC），出现差错时会直接丢掉这个帧。

（7）物理层。物理层将数据链路层传下来的帧转换为比特流，需要考虑的是如何在各种传媒介质上无差别地传输比特流。物理层的主要任务就是确认与传输媒介相关的一些特性（机械特性、电气特性、功能特性、过程特性），然后确认需要在当前媒介上传输什么样的信号（模拟信号、数字信号）等。最终需要让物理层的上层，也就是数据链路层感受不到这些差别。

2. 数据封装和解封装

OSI 参考模型中每个层次接收到上层传递过来的数据，都要将本层次的控制信息加入数据单元的头部，一些层还要将校验和等信息附加到数据单元的尾部，这个过程叫作封装。

每层封装后的数据单元的叫法不同：在应用层、表示层、会话层的协议数据单元统称为数据（date）；在传输层协议数据单元称为数据段（segment）；在网络层称为数据包（packet）；在数据链路层协议数据单元称为数据帧（frame）；在物理层叫作比特流（bit）。

当数据到达接收端时，每一层读取相应的控制信息的内容向上层传递数据单元。在向上层传递之前去掉本层的控制信息头部和尾部信息，这个过程叫作解封装。

OSI 数据封装和解封装如图 2-28 所示。

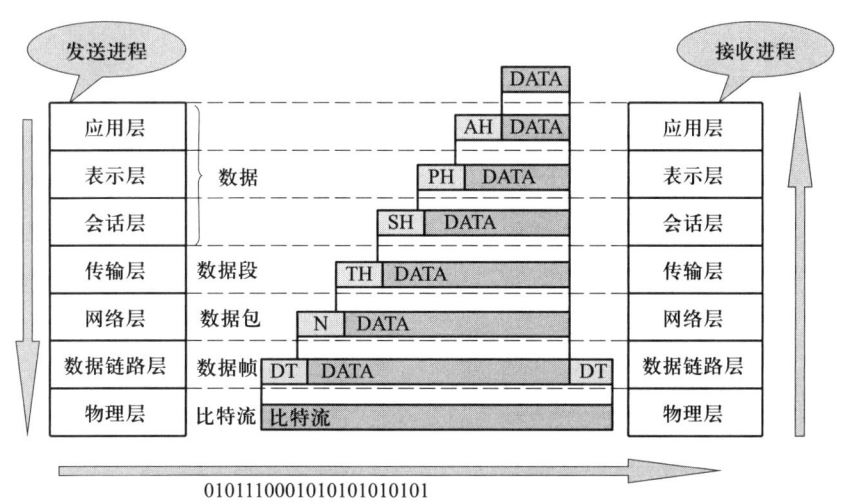

图 2-28　OSI 数据封装和解封装

(三) TCP/IP 四层模型

OSI 七层网络模型由国际标准化组织制定,是正统意义上的国际标准,但也有实现过于复杂、制定周期过长、层次划分不太合理等不足。在 OSI 七层网络模型的整套标准推出之前,TCP/IP 四层模型已经在全球范围内被广泛使用,所以 TCP/IP 四层模型才是事实上的国际标准。

TCP/IP 四层模型与 OSI 七层网络模型有一定的区别。首先 OSI 七层网络模型没有偏向于任何特定的协议,而 TCP/IP 四层模型只适合于 TCP/IP 的协议栈;其次 OSI 七层网络模型在网络层支持无连接和面向连接的通信,但是在传输层仅有面向连接的通信,而 TCP/IP 四层模型在网络层仅提供了无连接的通信,在传输层支持无连接和面向连接的通信。总之,TCP/IP 四层模型侧重因特网通信核心(围绕 TCP/IP 协议展开的一系列通信协议)的分层,因此它不包括物理层,以及其他一些不相干的协议。

TCP/IP 四层模型本身也是 OSI 七层网络模型的一部分,TCP/IP 四层和 OSI 模型组并不能精确地匹配,但可以尽可能地参考 OSI 七层网络模型并在其中找到 TCP/IP 四层的对应位置。通常认为 OSI 七层网络模型最上面三层(应用层、表示层、会话层)在 TCP/IP 四层模型中是一个应用层,数据链路层和物理层是网络接口层,如图 2-29 所示。

在图 2-29 中,OSI 七层网络模型中传输层和网络层被完整保留,因此,TCP/IP 四层模型中最核心的技术就是传输层和网络层技术。

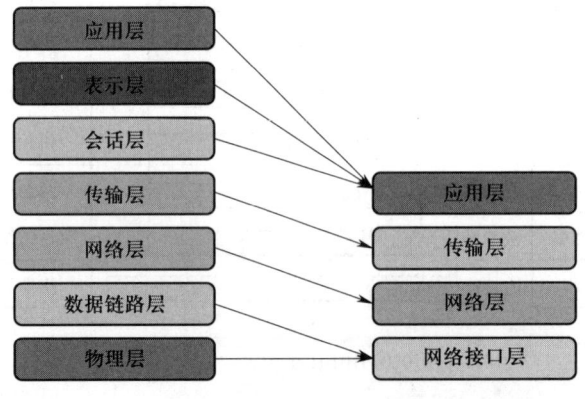

图 2-29 OSI 七层网络模型和 TCP/IP 四层模型对比

1. 各层功能简介

（1）应用层。应用程序间沟通的层，如 SMTP、FTP、DNS 等。

（2）传输层。提供端到端（end-to-end）的传输，这里的"端"是指源主机到目标主机。在此层中提供了节点间的数据传送服务，如 TCP、UDP 等。这一层负责传送数据，并且确定数据已被送达并接收。

（3）网络层。负责点到点（point-to-point）的传输，这里的"点"是指主机或路由器。在此层中主要定义了 IP 地址格式，使得不同应用类型的数据能够在因特网上传输，提供基本的数据封包传送功能，让每一块数据包都能够到达目的主机，但不检查是否被正确接收。

（4）网络接口层。这是 TCP/IP 协议的最低层，负责接收 IP 数据包并通过网络发送，或者从网络上接收物理帧，抽出 IP 数据包，交给网络层。

2. 数据封装和解封装

TCP/IP 四层模型中的数据封装和解封装与 OSI 七层网络模型类似。在传输层，TCP 协议会将上层发送的数据看作一个数据包，并在这个数据包前面加上 TCP 包的一部分信息（部首）；在网络层，IP 协议会将 TCP 协议要发送的数据看作一个数据包，同样在这个数据包前端加上 IP 协议的部首；在网络接口层，对应的协议也会在 IP 数据包前端加上以太网的部首，封装过程如图 2-30 所示。

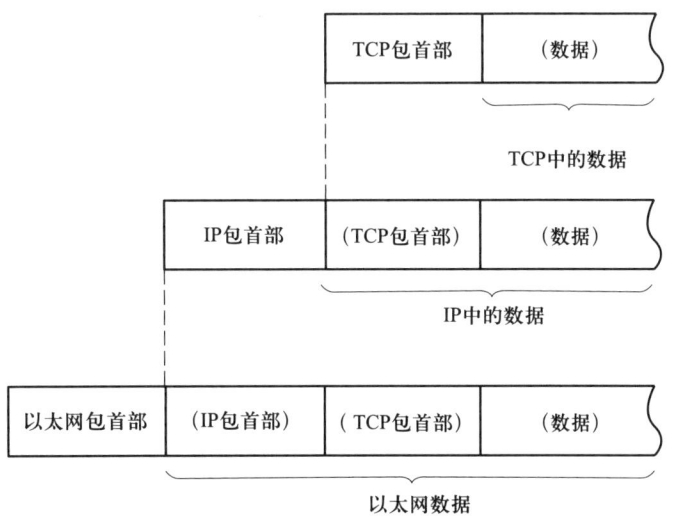

图 2-30　TCP/IP 四层模型数据封装过程

下面以发送一个 index.html 为例说明数据封装和解封装过程。两台计算机在应用层都使用 HTTP 协议（都使用浏览器），源设备和目标设备通过网线物理上相连接。先进行数据的封装，封装后通过物理层（以太网连线）进行二进制传输数据发送，接收端的网络接口层会使用对应的协议找到物理层的二进制数据，解码得到以太网的部首信息和对应的 IP 数据包，再将 IP 数据包传给上层的网络层，顺序为网络接口层→网络层→传输层→应用层，最后就可以在浏览器中得到目标设备传送过来的 index.html。数据封装和解封装过程如图 2-31 所示。

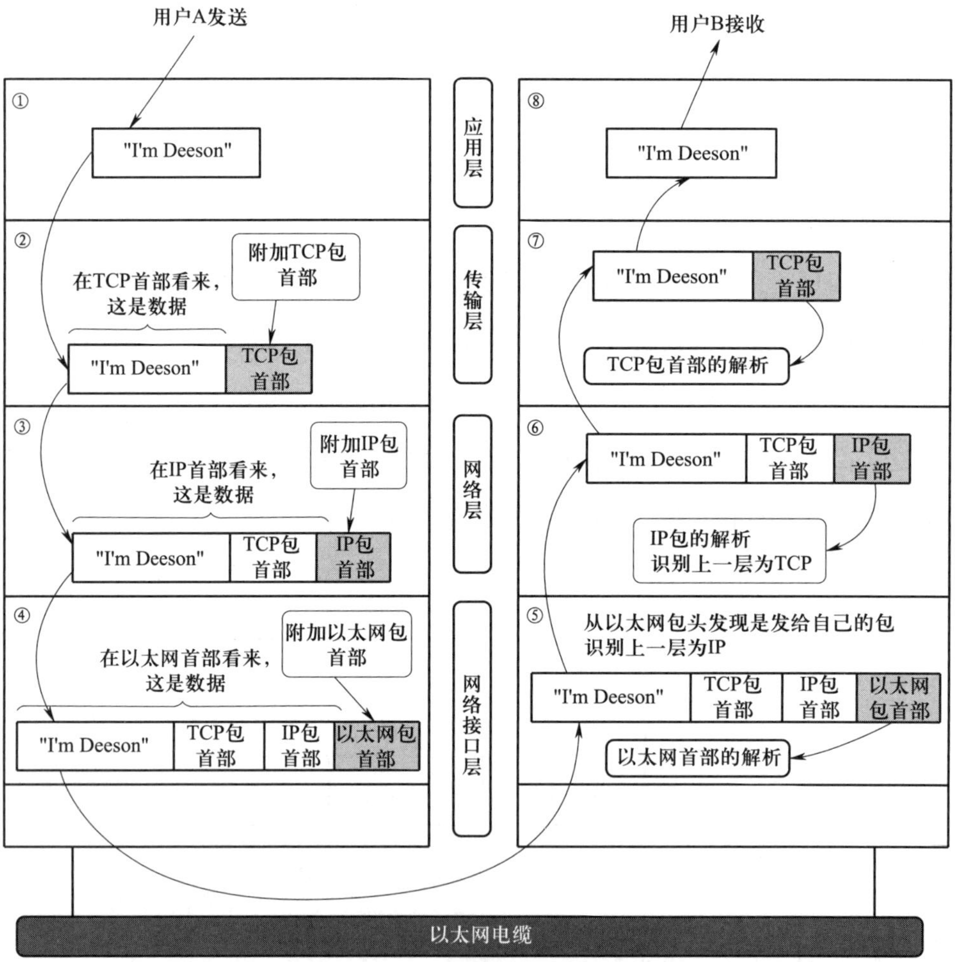

图 2-31 数据封装和解封装过程

（四）TCP/IP 五层模型

TCP/IP 四层模型定义了网络接口层，但并没有给出网络接口层的具体内容，因此在学习和开发过程中，通常将网络接口层替换为 OSI 七层网络模型中的数据链路层和物理层来进行理解，综合 OSI 七层网络和 TCP/IP 四层模型的优点，这就是 TCP/IP 五层模型。注意：TCP/IP 五层模型是为了介绍网络原理而设计的，实际应用中还是采用 TCP/IP 四层模型。

三种模型对比如图 2-32 所示。

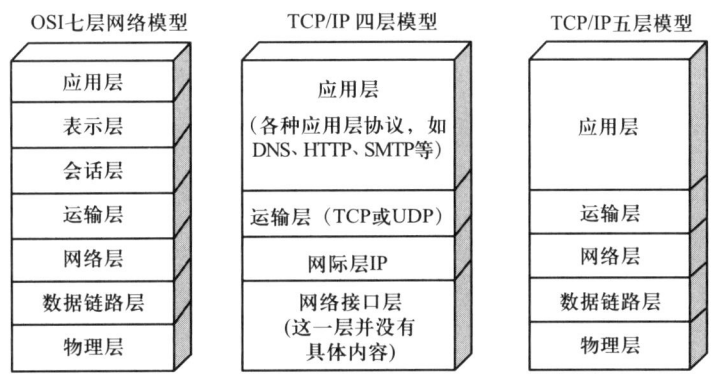

图 2-32　三种模型对比

TCP/IP 五层模型的各层功能说明如下：

1. 应用层

与 TCP/IP 四层模型的应用层相同。

2. 传输层

与 TCP/IP 四层模型的传输层相同。

3. 网络层

与 TCP/IP 四层模型的网络层相同。

4. 数据链路层

与 OSI 七层网络模型的数据链路层相同。

5. 物理层

与 OSI 七层网络模型的物理层相同。

第四节 云计算、大数据和人工智能

本节先对云计算的概念进行讲解，包括云计算与边缘计算的异同点；接着对大数据的概念进行讲解，包括大数据与云计算的关系；然后对人工智能的概念进行讲解，包括人工智能与大数据的关系；最后对云计算、大数据和人工智能三者的关系进行总结。

考核知识点及能力要求：

- 掌握云计算的概念。
- 掌握云服务的 SaaS、PaaS 和 IaaS。
- 掌握大数据的概念。
- 理解大数据的 4 V 特性。
- 掌握人工智能的概念。
- 理解深度学习的研究内容。
- 掌握云计划、大数据和人工智能三者的关系。

一、云计算

云计算是继因特网、计算机之后信息技术的又一次革新，是信息时代的一次大的飞跃，未来的时代可能是云计算的时代。云计算具有很强的扩展性和需要性，可以为用户提供一种全新的体验。云计算的核心就是将无数配置不同、计算能力不同的计算机资源通过统一的平台联系在一起，实现计算资源的统一调度和按需获取，无论何时何地，用户都可以通过网络获取到无限的计算资源。

自从"云"的概念被提出后,各类应用服务随之产生,云办公、云安全、云存储、云打印、云通信、云输入法等概念也都陆续推出。这些云计算应用,有的聚焦在个人生活服务,有的聚焦在企业服务。实际上,"云"并不新潮,已经存在了超过 15 年,并正在不断扩大到所有领域。可以预见,下一个十年中几乎所有的应用都会部署到云端,而它们中的大部分都将直接通过手中的移动设备为我们提供各种各样的服务。

(一)云计算概述

云计算(cloud computing)的定义有多种说法,对于到底什么是云计算,目前还没有一个得到普遍赞同的权威定义。维基百科是这样定义云计算的:云计算是一种计算机系统资源和高级别服务的共享池,用户可以通过网络以配置的方式从这个共享池中方便快捷地获取资源和服务;云计算通过资源共享的方式来实现一致性和大规模生产的经济效益,类似于一种公共基础设施。维基百科的定义方式为我们提供了一种思路,它没有直接告诉我们云计算是什么,而是描述了一个抽象物,然后说明这个抽象物有哪些特点。现阶段广为接受的是美国国家标准与技术研究院(NIST)的定义:云计算是一种按使用量付费的模式,这种模式提供可用的、便捷的、按需的网络访问,进入可配置的计算资源共享池(资源包括网络、服务器、存储、应用软件、服务),这些资源能够被快速提供,只需投入很少的管理工作,或与服务供应商进行很少的交互。

1. 云计算的演进

刚开始使用个人计算机时还没有网络,每台个人计算机(PC)就是一个单机,包括 CPU、内存、硬盘、显卡等硬件。用户在单机上安装操作系统和应用软件,完成自己的工作。后来有了网络(network),单机与单机之间可以交换信息、协同工作,如图 2-33 所示。

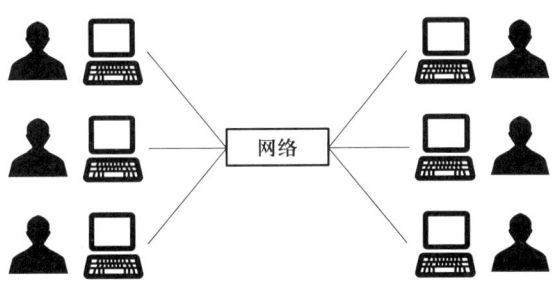

图 2-33 联网的个人计算机

再后来，单机性能越来越强，就有了服务器（server），把一些服务器集中起来放在机房里，用户可以通过网络访问和使用机房里的计算机资源，如图2-34所示。

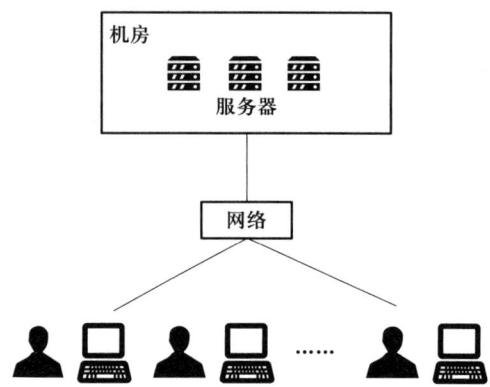

图2-34　个人计算机通过网络访问服务器资源

再后来，小型网络变成了大型网络，就有了因特网；小型机房变成了大型机房，就有了因特网数据中心（internet data center，IDC）；当越来越多的计算机资源和应用服务被集中起来，就变成了"云计算"，无数的大型机房就成了"云端"，如图2-35所示。

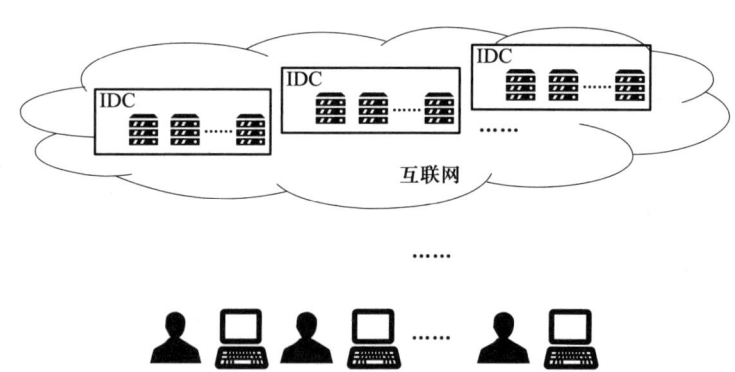

图2-35　个人计算机访问云端资源

云计算的成长过程就像电力的成长过程一样。100多年前，特斯拉没有广泛验证交流电的时候，爱迪生建议用电的企业都要自建发电厂，或者自己购买发电机，每个企业都要对此投入一次性的购买费用和每个月的固定维护费用。自从交流电可以传输电力开始，转变为发电厂建在郊区，用电企业不用买发电机或自建电厂，而是按照使用的电量来付费。云计算也是这样的发展历程，过去企业如想对外提供应用服务，需要购买服务器的一次性投入，还要有运维安全工程师的日常费用，改上云之后，就像使用电力一样，按照用量来付费，无须自己架设服务器，也无须为运维或安全担心。

2. 部署类型

云计算的部署模型分为以下几类。

（1）公用云。公用云（public cloud）服务可通过网络及第三方服务供应者开放给客户使用。"公用"一词并不一定代表"免费"，也不代表用户数据可供任何人查看，它的供应者通常会对用户实施使用访问控制机制。作为解决方案的公用云，既有弹性，又具备成本效益。

（2）私有云。私有云（private cloud）具备许多公用云的优点，例如，弹性、适合提供服务等。两者的差别在于私有云服务中，数据与程序皆在组织内管理，且不会受到网络带宽、安全疑虑、法规限制影响；此外，私有云服务让供应者及用户能更好地掌控云基础架构、改善安全与弹性。

（3）混合云。混合云（hybrid cloud）综合了公用云及私有云的优点。在混合云模式中，用户通常将非企业关键信息外包，并在公用云上处理，而企业的关键服务及数据则由企业掌控，在私有云上处理。

三种云模型的定义读上去难免还是有些晦涩，下面以家庭用水为例加以通俗解释。家里需要用水，对水的要求是要够清澈、水量能满足需求（需求不固定），此时只需要从水厂接一条自来水管道就能实现用水需求，这就是公用云。当家庭用水对水质有了特殊要求，例如，出水直饮、水中矿物质含量等，并且当别家停水时还必须保证自家不能停水，为此，自来水厂单独搭建了一个水塔，将特殊净化后的水储存到定制水塔中仅供一家使用，这就是私有云。当家庭用水需求不固定，既有出水直饮和特殊矿物质需要，又不能停水，所以需要装私有水塔，但是私有水塔中的水用来冲马桶又太浪费，所以又需要一部分普通水，于是水厂建了一条融合管道，饮用水用私有管道，冲马桶、洗衣服等就用普通水管道，完美解决了需求问题，这就是混合云。

3. 服务类型

IT系统的逻辑组成分为四层，依次是基础设施层、平台软件层、应用软件层和数据信息层。云计算是一种新的计算资源使用模式,云端本身也是 IT 系统,所以逻辑上同样可以划分为以上四层。下三层可以再划分出很多"小块"并出租,这有点像立体停车位按车位大小和停车时间长短收取停车费。云服务提供商出租计算资源有三种模式,用来满足云服务消费者的不同需求,分别是 SaaS、PaaS、IaaS,如图 2-36 所示。

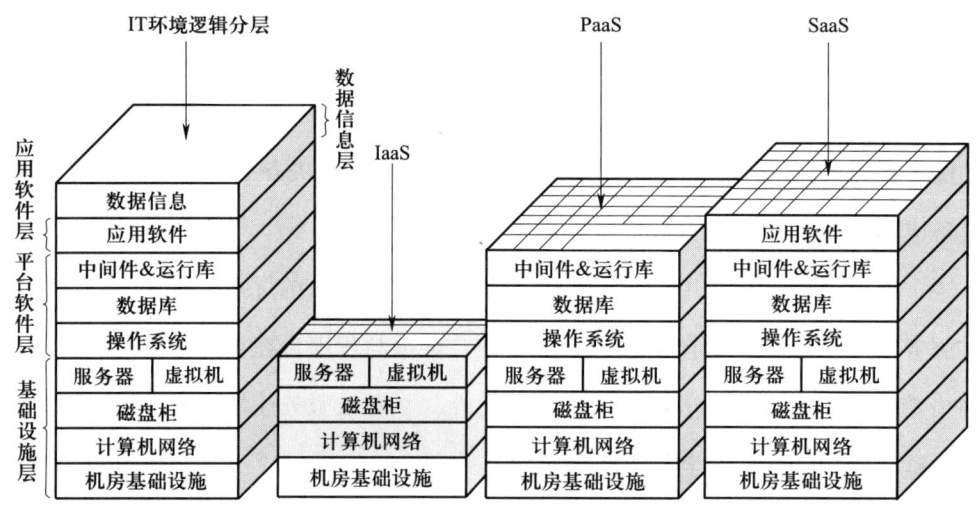

图 2-36 云计划的服务模式

(1) SaaS。软件即服务(software-as-a-service, SaaS)是一种通过因特网提供软件的模式,用户不用购买软件,而是向提供商租用基于 Web 的软件,且无须对软件进行维护,服务提供商会全权管理和维护软件。SaaS 即软件的开发、管理、部署都交给第三方,用户不需要关心技术问题,可以拿来即用。

(2) PaaS。平台即服务(platform-as-a-service, PaaS)是指将软件研发的平台作为一种服务,以 SaaS 的模式提交给用户。因此,Paas 也是 SaaS 的一种应用。Paas 是远程订购服务,服务商将底层的平台已铺建好,用户需要开发自己的上层应用。大多数 Paas 厂商都拥有 SaaS 产品设计开发和运营能力,经由 Paas 搭建出来的企业应用拥有较高的终端用户体验。

(3) IaaS。基础设施即服务(infrastructure-as-a-service, IaaS)把计算基础(服务器、网络技术、存储和数据中心空间)作为一项服务提供给客户。IaaS 是云服务的最底层,主要提供一些基础资源,普通用户不需要自己构建数据中心等硬件设施,而是通过租用的方式，从 IaaS 提供商获得计算机基础设施服务，包括服务器、存储和网络等。在这种服务模型中，服务商提供所有计算基础设施，包括处理 CPU、内存、存储、网络和其他基本的计算资源，并收取一定的维护费。在使用模式上，IaaS 与传统的主机托管有相似之处，但是在服务的灵活性、扩展性和成本等方面，比主机托管的优势更加突出。

用饭店来举例。假设饭店是云服务商，人们到店吃饭有三种方式，IaaS 就是饭店提供食材，由用户自己洗菜、切菜和炒菜；PaaS 就是饭店提供了一些已经洗好切好的半成品食材，用户还是要自己动手炒菜；SaaS 就是饭店已经把菜全部做好并摆上了桌子，用户只需考虑怎么吃、找谁吃就行了。

4. 云计算的关键技术

云计算是分布式处理、并行计算和网格计算等概念的发展和商业实现，其技术实质是计算、存储、服务器、应用软件等 IT 软 / 硬件资源的虚拟化。云计算在虚拟化、数据存储、数据管理、编程模式等方面具有自身独特的技术。

（1）虚拟机技术。虚拟机即服务器虚拟化，是云计算底层架构的重要基石。在服务器虚拟化中，虚拟化软件需要实现对硬件的抽象、资源的分配 / 调度和管理、虚拟机与宿主操作系统以及多个虚拟机间的隔离等功能，目前典型的实现有 Citrix Xen、VMware ESX Server 和 Microsoft Hype-V 等。

（2）数据存储技术。云计算系统需要同时满足大量用户的需求，并行地为其提供服务。因此，云计算的数据存储技术必须具有分布式、高吞吐率和高传输率的特点。目前数据存储技术主要有非开源的 GFS（google file system，GFS）以及开源的 HDFS（hadoop distributed file system，HDFS），这两种技术已经成为事实标准。

（3）数据管理技术。云计算的特点是对海量的数据存储、读取后进行分析。如何提高数据的更新速率，以及进一步提高随机读速率是数据管理技术的核心。最著名的云计算的数据管理技术是 Google Big Table。

（4）分布式编程与计算。为了使用户能更轻松地享受云计算带来的服务，让用户能利用该编程模型编写简单的程序来实现特定的目的，云计算的编程模型必须十分简单，而且必须保证后台复杂的并行执行和任务调度向用户和编程人员透明。当前各 IT

厂商推出的云编程工具均基于Map-Reduce的编程模型。

（5）虚拟资源的管理与调度。云计算区别于单机虚拟化技术的重要特征是通过整合物理资源形成资源池，并通过资源管理层（管理中间件）实现对资源池中虚拟资源的调度。云计算的资源管理需要负责资源管理、任务管理、用户管理和安全管理等工作，实现节点故障的屏蔽、资源状况监视、用户任务调度、用户身份管理等多重功能。

（6）云计算的业务接口。为了方便用户业务由传统IT系统向云计算环境迁移，云计算应为用户提供统一的业务接口。业务接口的统一不仅方便用户业务向云端迁移，也令用户业务在云与云之间的迁移更加容易。在云计算时代，SOA架构和以Web Service为特征的业务模式仍是业务发展的主要路线。

（7）云计算相关的安全技术。云计算模式带来一系列的安全问题，包括用户隐私的保护、用户数据的备份、云计算基础设施的防护等，这些问题都需要更强的技术手段，乃至法律手段去解决。

（二）云计算与边缘计算

1. 边缘计算的概念

与云计算一样，目前边缘计算（edge computing）的概念百花齐放，暂无统一的定义。维基百科上给出的边缘计算定义：边缘计算是一种分散式运算的架构，将应用程序、数据资料与服务的运算，由网络中心节点移往网络逻辑上的边缘节点来处理。边缘计算将原本完全由中心节点处理大型服务加以分解，切割成更小与更容易管理的部分，分散到边缘节点去处理。

以章鱼为例来说明边缘计算。章鱼是地球上很神奇的动物之一，也是地球上很聪明的生物。章鱼就是用"边缘计算"来解决实际问题的。作为无脊椎动物，章鱼拥有巨量的神经元，其中的60%分布在章鱼的八条腿（腕足）上，仅有40%分布在脑部，这使得章鱼在捕猎时动作异常灵巧迅速，腕足之间配合极为默契，从不会缠绕打结。

边缘计算的应用实例很多，最典型的两个实例是自动驾驶和行人重识别。

（1）自动驾驶。自动驾驶需要极高的计算能力来完成机器视觉和机器学习的工作，这些工作因为时延和可靠性要求极高，是无法接受异地计算的，只能使用边缘计算。

（2）行人重识别。一些安防监控场景里，实时跟踪多人的运行轨迹和在各个场景里的行人重识别（person re-identification，ReID），也称行人再识别，对计算能力的要求也是很高的，同样由于帧间时延要求高而不适合使用云计算，只能使用边缘计算。

边缘计算网关即物联网边缘计算网关，简称边缘网关，用于将云端功能扩展到本地的边缘计算设备，并且该设备还承担网关的功能。这样的边缘网关能够快速、自主地响应本地事件，提供低延时、低成本、隐私安全、本地自治的本地计算服务。随着5G技术的发展，基于5G技术的边缘网关得到广泛关注，业务需求和网络升级进一步驱动了边缘网关的发展。此外，传输负载急剧增加会导致时延加长，不能满足实时性要求，这些都使得边缘网关成为研究的热点。

2. 云计算与边缘计算的关系

云计算是一种基于因特网的计算方式，是分布式计算的一种。边缘计算也是一种分布式计算，其与云计算的主要区别在于：在云计算框架下，数据收集、处理、分析于集中的位置，而在边缘计算框架下，在靠近设备（数据源）的位置，就近替代近端服务。由于边缘计算的应用程序在设备（边缘）侧发起，在靠近数据源头的地方提供智能分析处理服务，其网络服务响应更快，在实时性、安全性与隐私保护等方面更具优势。当然，从某种意义上来说，边缘计算也是云计算的一部分，是处理大数据计算运行的一种方式。

大数据应用中常常面对的一个痛点就是没有采集到合适的数据，边缘计算可以为核心服务器的大数据算法提供最准确、最及时的数据来源。边缘计算和云计算的结合让整个智能系统不但"头脑清楚"，而且"耳聪目明""手脚灵便"，如图2-37所示。

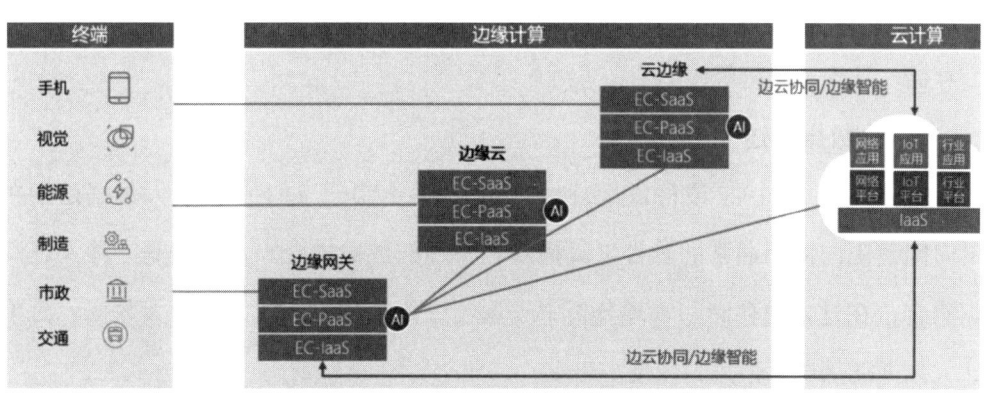

图2-37　边缘计算和云计算的结合

云计算和边缘计算各有所长。云计算擅长把握整体，聚焦非实时、长周期、大数据的数据分析，能够在长周期维护、业务决策支持等领域发挥优势。边缘计算则专注局部，聚焦实时、短周期数据的分析，能更好地支撑本地业务的实时智能化处理与执行。边缘计算相较单纯的云计算更高效和更安全。由此可见，边缘计算并不是为了取代云计算，而是对云计算的延伸和补充，为移动计算、物联网等提供更好的计算平台。如果把云计算比作整个计算机智能系统的大脑的话，那么边缘计算就是这个系统的眼睛、耳朵和四肢。

二、大数据

全世界的数据量正以指数级增长。根据 IDC 的数据，2020 年全世界创造了大约 64 ZB 的数据，而到 2025 年，全球数据总量将达到 163 ZB，这五年内产生的数据将是自 1947 年引入数字储存量概念以来创建的数据总量的 2 倍多。人工智能、机器学习、区块链、5G、物联网、智能视频等各种新兴应用每时每刻都在产生大量的数据，并应用于人们日常生活的各个场景。

气象台如何预报天气变化，如何准确对气象灾害进行预警？创业者开店如何选址？在未来的城镇化建设过程中，如何打造智能城市？这一系列问题的背后都隐藏着大数据的身影，彰显着大数据的巨大价值，直观地体现出大数据在各个行业的广阔应用空间。

大数据时代的出现简单地讲就是海量数据同完美计算能力结合的结果，确切地说是移动互联网、物联网产生了海量的数据，而大数据技术完美地解决了海量数据的收集、存储、计算、分析等问题。

（一）大数据概述

大数据（big data），或称巨量资料，维基百科给出了如下定义：大数据是指在承受的时间范围内使用通常的软件工具捕获和管理的数据集合。大数据是一种大规模的数据集合，在过去的存储和管理分析中远远超过传统软件，因此称为大数据。简单来说，大数据就是规模很大的数据。

大数据的核心价值在于存储和分析海量数据；大数据技术的战略意义不在于掌握

大量数据信息，而在于专业处理这些有意义的数据。换句话说，如果把大数据比作一个行业，这个行业盈利的关键不在于收集的数据量，而在于提高数据的加工能力，通过加工实现数据的增值。

大数据可以实现的应用概括为两个方向，一是正确的定制，二是预测。比如通过搜索引擎搜索同样的内容，每个人搜索的结果都不一样，特别是一些个性化广告信息。

大数据作为一种概念和思潮由计算领域发端，之后逐渐延伸到科学和商业领域，2014年后大数据的概念体系逐渐成形，人们对其认知也日渐趋于理性。大数据相关技术、产品、应用和标准不断发展，逐渐形成了包括数据资源与API、开源平台与工具、数据基础设施、数据分析、数据应用等板块的大数据系统，而且该系统还在持续发展和不断完善，实现了从技术向应用、再向治理的逐渐迁移。

一般来看，一个产业的成长轨迹都是源于技术、成于产品、终于应用，大数据产业也不例外。大数据整个产业是因云计算、大数据技术而出现的，各个厂商开发出比较成熟的产品并推向市场，最终在应用中带来实际的价值并得到用户认可。大数据的价值本质上体现为提供了一种人类认识复杂系统的新思维和新手段。从理论上而言，在足够小的时间和空间尺度上，对现实世界数字化，可以构造一个现实世界的数字虚拟映像，这个映像承载了现实世界的运行规律。在拥有充足的计算能力和高效的数据分析方法的前提下，对这个数字虚拟映像的深度分析，将有可能理解和发现现实复杂系统的运行行为、状态和规律。应该说，大数据为人类提供了全新的思维方式和探知客观规律、改造自然和社会的新手段，这也是大数据引发经济社会变革最根本的原因。

1. 大数据的特性

关于大数据的特征有多种不同的阐述方式，最被认可的是4V特征，如图2-38所示。

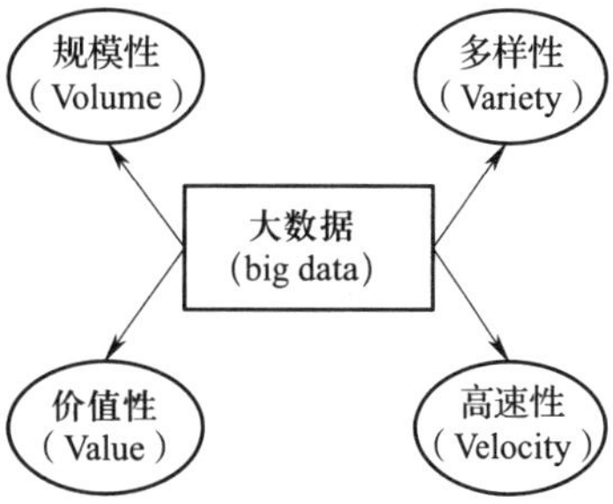

（1）规模性（Volume）。数据量大是大数据最突出的特征，其规模和增长速度都超出了人们对数据的传统认知。数据量的"大"是相对的，会随着技术的发展而变化。就目前的存储技术水平而言，一般将PB级以上的数据量称为"大数据"。

图2-38　大数据特性的4个V

（2）多样性（Variety）。随着信息技术的发展和普及，越来越多的领域开始源源不断地产生新的数据，这也造成数据的来源十分复杂，不仅形式多样（文本、图片、音频、视频等），而且各具特点（生物数据、金融数据、交通数据、通信数据等）。这导致了数据具有很强的异构性，加大了数据处理的难度，对数据处理技术提出了更高的要求。尤其严峻的是，最难处理的非结构化数据，占到了数据总量的90%以上。

（3）价值性（Value）。传统的数据存储往往只针对实际价值或潜在价值较高的数据，因此，数据的价值与数据量通常成正比。然而对于大数据而言，情况则完全不同。大数据中所蕴藏的价值通常不与数据量呈线性关系，其价值密度远远低于传统的数据集。

（4）高速性（Velocity）。在大数据场景下，数据的产生十分迅速，在极短的时间内就可能聚集起大量的数据。同时，大数据的场景对于数据的处理速度提出了更高的要求。传统的数据处理通常只有在数据分析中才会涉及较大的数据量，其面向的用户群体和应用场景对于响应速度的要求较为宽松。而在大数据领域则产生了新的应用需求，不仅需要对大量的数据进行查询和计算，而且还要求有较高的响应速度。例如，在"在线商品精准推荐"的应用场景中，应用服务必须在极短的时间内预测出应该向网站访客推荐的商品，否则访客可能已经离开了网站，预测结果也就失去了价值。

2. 大数据的分类

大数据集的处理难度与其结构化程度具有紧密的联系，对于具有良好结构的数据集，比较容易设计处理和分析算法，分析的效率及质量也较高；反之，不具有结构性的数据集，就很难设计通用的分析算法。从大数据集的结构化程度，可以将大数据分为三类。

（1）结构化数据。结构化数据是指可以用关系型数据库存储的数据，即以记录的形式存在的数据。结构化的数据集由记录（元组）构成，所有的记录都具有相同的结构（模式）。

（2）半结构化数据。半结构化数据不要求数据记录具有相同的结构，它允许数据记录通过标签的形式各自定义语义元素及层次结构，因此也被称为自描述结构。

（3）非结构化数据。非结构化数据是没有预先定义数据模型，其结构不规则的数据类型。非结构化数据可以是文本（如办公文档、日志），也可以是非文本（如图像、视频）；可以是人工生成的，也可以是机器生成的（如卫星照片、监控视频）。非结构化的数据格式和标准都具有多样性和不确定性，因此也更难进行解释和分析。

目前，针对结构化数据已有较为成熟的分析挖掘技术及工具，但对于半结构化及非结构化的数据还缺乏有效的分析和挖掘手段。然而，人类活动产生的数据绝大部分都是半结构化或非结构化的，并且其增长速度远大于结构化数据。如何对这类数据进行分析和挖掘，是大数据领域一个极具挑战性的问题。

3. 大数据产业

数据产生后并不能被直接使用，需要经过一系列的处理步骤，才能成为可用的结果。大数据的处理过程主要包括采集、清洗、预处理、存储、分析与挖掘和结果可视化六个步骤，如图 2-39 所示。

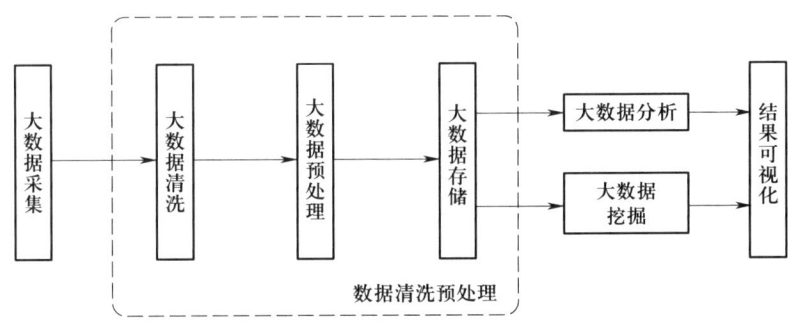

图 2-39 大数据的处理过程

（1）大数据采集。大数据采集是指从各种不同的数据源获取数据的过程，包括各类业务系统数据库、历史数据源、系统日志、网络数据、传感器数据等。数据的采集模式可以分为批量采集（又称离线采集）和实时采集两大类，采集的方法分为抓取（又称爬取）和推送两大类。

（2）大数据清洗。大数据清洗是指对大数据进行审查和校验的过程，目的在于删除重复信息、纠正存在的错误，从而为大数据的应用环节提供高质量的数据。数据质量问题是大数据的采集和使用过程中无法避免的。质量问题的出现，可能由于数据源的数据模式设计错误、录入错误、使用不当，也可能由于多个数据源之间的数据模式不匹配、数据格式不统一、数据记录不一致等。

常见的数据质量问题有如下几种。

1）数据缺失：某些记录不完整，出现了字段值的缺失。

2）数据重复：存在多条描述统一实体对象的数据记录。

3）数据错误：数据记录对于实体对象的描述不准确。

4）数据不一致：不同数据源对同一个实体对象的描述存在冲突。

5）异常数据：存在明显异常、不合理的数据记录。

大数据清洗的一般过程：分析数据→缺失值处理→异常值处理→去重处理→噪声数据处理。

（3）大数据预处理。大数据预处理是指将源数据转换为数据目标或分析挖掘算法所要求的格式，使数据能够被存储或处理。大数据预处理也常常和数据清洗合并在一起描述或进行。常见的大数据预处理操作包括：

数据集成：多个数据库、数据立方体或文件的数据整合。

数据转换：实现数据的归一化（标准化）。

数据简化：在不影响分析结果的前提下，缩减数据量。

数据离散化：对于数值型数据可通过取样实现离散化以降低数据量。

（4）大数据存储。大数据存储即对数据的长久保存与管理。在传统的关系型数据库中，由于受到设计模式的限制，一般只采用单机存储方式。但单台机器可以承载的存储设备是有限的，存储能力一般只在 TB 级别。一旦某个数据库的数据量和文件的大小增长到一定程度，数据的检索效率就会急剧下降。因此，普通的 PC 和文件系统难以满足大数据的存储需求。

分布式存储系统是目前主流的大数据存储技术，它由多个计算机节点构成，彼此之间通过交换设备相连接，数据被分散存储在多台独立的设备中。分布式存储系统采用可扩展的系统结构，利用多台存储服务器分担存储负荷，利用位置服务器定位存储信息，不但提高了系统的可靠性、可用性和存取效率，还易于扩展。

（5）大数据分析与挖掘。大数据的分析与挖掘是指按照用户需求对数据进行相应的处理与计算，得到能够满足用户需求的结果。传统的数据分析技术主要以统计学为基础，主要针对小规模数据，当要分析的数据量较大时，往往要进行抽样。在大数据的背景下，无论是数据量还是数据分析目标都发生了巨大的变化，由此产生了新的数据分析理论与技术。

在大数据的分析与挖掘中更强调发现未知的、潜在有用的信息，强调找寻数据的内在规律和关联，而不关心数据背后的本质原理。因此，对大数据的分析与挖掘开始越来越多地使用数据挖掘、机器学习及深度学习领域的技术，分析与挖掘的目标也越来越多样化，例如，找寻数据的关联规则、构建预测模型、发现相似数据的组群等。同时，即使是传统意义上的统计分析，也由于数据量的不断增大而难以采用常规的计算模式及技术实现。

（6）结果可视化。结果可视化也称为数据可视化（data visualization，DV），是指通过将数据转化图像、表格等视觉表达形式，清晰有效地传达与沟通信息。

数据可视化要根据数据的特性（如时间、空间信息），找到合适的可视化方式将数据直观地展现出来，以帮助人们理解数据，找出包含在海量数据中的规律或者信息。数据可视化是大数据处理过程的最后一步，肩负着信息传达的重要责任。

4. 大数据应用趋势

大数据是互联网发展到现阶段的表象和特征。在以云计算为代表的技术创新大幕的衬托下，这些原本难以收集和使用的数据开始易于利用。通过各行各业的创新，大数据逐渐为人类创造了更多的价值。大数据可结合物联网、区块链、人工智能、语音识别等技术，与这些技术相辅相成。大数据的应用有以下七大趋势。

（1）物联网。2021年底有122亿台联网物联网设备活跃连接，远大于全球人口数，随着物联网市场的其他不利因素，包括新冠疫情和供应链中断的缓解，预计到2025年全球将有270亿台联网设备，同时国内移动物联网连接数将达到80.1亿。

（2）智慧城市。这项趋势的成败取决于数据量是否足够，依赖于政府部门与相关企业的合作，包含智能移动和交通、智慧能源、智慧医疗、智慧政务、信息安全和公共安全等方面。

（3）AR与VR。增强现实（AR）与虚拟现实（VR）依靠大数据，开始走向大众市场，广泛应用于电玩领域和教学领域。

（4）区块链。这项技术的本质是编译码和加解密，可以有效加密信息。区块链有很多不同的应用方式，几乎所有科技公司都在尝试应用该技术，最常见的应用是比特币和其他加密货币交易。

（5）语音识别。语音识别是通用的无屏幕接口，可以迅速整合在各项工具上，例如，整合在智能手机中。

（6）人工智能。人工智能需要被教育，融入很多信息才能进化，与大数据相合，会产生一些意想不到的结果。

（7）数字汇聚。数字汇聚是对未来社会冲击最大的一项趋势。数字汇聚是将上述六项技术合并起来的效果：海量物联网设备可用区块链技术加强安全性；智慧城市通过物联网就能产生海量数据，这些数据需要由人工智能进行分析；虚拟现实和语音识别也需要通过人工智能不断学习。这些科技发展息息相关，相辅相成。

（二）大数据与云计算

对于大量的数据，一台机器肯定是存储不了，也处理不过来的，那么就需要多台机器协作完成大数据的存储和计算。

1. 数据的收集

物联网部署成千上万的检测设备，将温度、湿度、监控、电力等数据统统收集上来，这些海量的数据需要云计算才能实现。以因特网网页的搜索引擎为例。如果要将整个因特网所有的网页都下载下来，显然一台机器做不到，需要多台机器组成网络爬虫系统，同时工作，每台机器下载一部分，才能在有限的时间内将海量的网页数据下载完毕。

2. 数据的传输

一个内存里面的队列肯定无法容纳海量的数据，于是就产生了基于硬盘的分布式队列，这种队列可以实现多台机器同时传输，不管数据量多大，只要队列足够多，管道足够粗，就能够实现。

3. 数据的存储

一台机器的文件系统肯定是放不下海量数据的，所以需要一个很大的分布式文件系统来存储数据。

4. 数据的分析

当需要对大量的数据做分解、统计、汇总时，一台机器无法完成，于是就有了分布式计算的方法，将大量的数据分成小份，每台机器处理一部分，多台机器并行处理，很快就能完成。例如，使用 Terasort 对 1 TB（大约 100 亿行）的数据进行排序，如果单机处理，至少需要几个小时；而改为并行处理后，1 406 个节点组成的 hadoop 集群排序数据只用时 62 s，这还只是 2009 年的数据，如果使用现在的云计算进行同样的排序工作只需几秒就可以完成。

云计算能为大数据的运算提供资源层的灵活性。现在公用云上基本都有大数据的解决方案。一个规模较小的公司需要大数据平台的时候，不需要采购 1 000 台机器，只要到公用云设置一下，就可以使用 1 000 台机器，并且其上已经部署好了大数据平台，只要把数据放进去计算即可。

从应用上看，大数据需要对海量数据进行分布式数据挖掘，但这无法用单台计算机进行处理，必须采用分布式架构，依托云计算的分布式处理、分布式数据库、云存储、虚拟化技术。如果将大数据的应用比作一辆辆汽车，支撑起这些汽车运行的高速公路就是云计算。从整体上看，大数据着眼于数据，关注实际业务，提供数据采集分析挖掘，看重信息积淀，即数据存储能力；云计算着眼于计算，关注 IT 解决方案，提供 IT 基础架构，看重计算能力，即数据处理能力。没有大数据的信息积淀，云计算的计算能力再强大，也难有用武之地；没有云计算的处理能力，大数据的信息积淀再丰富，也终究是镜花水月。

从技术上看，大数据根植于云计算，云计算关键技术中的海量数据存储技术、海量数据管理技术、MapReduce 编程模型，也是大数据技术的基础。

从本质上看，大数据与云计算的关系是动与静的关系：数据是计算的对象，是静的概念；云计算则强调的是计算，是动的概念。如果结合实际应用，前者强调的是存储能力，后者看重的是计算能力。

从整个产业互联网的技术体系结构来看，无论是物联网技术体系还是人工智能技术体系，都离不开云计算和大数据的支撑。以物联网技术体系为例，云计算处在物联网体系结构的第三层，大数据处在第四层，二者共同为智能决策层提供服务。

三、人工智能

人工智能从诞生以来，理论和技术日益成熟，应用领域也不断扩大，可以设想，未来人工智能带来的科技产品，将会是人类智慧的"容器"。人工智能可以对人的意识、思维的信息过程进行模拟，能像人那样思考甚至超过人的部分能力。目前，人工智能在机器视觉、指纹识别、人脸识别、视网膜识别、虹膜识别、自动规划、智能搜索、定理证明、博弈、自动程序设计、智能控制、语言和图像理解、遗传编程等方面得到了广泛的应用。

某手机的智能手机工厂，从外观上看，与一般厂房并无差别，但推开大门，便能发现里面与众不同：没开灯的厂房里，传送带在空中不停运送着零部件，一部部手机接连下线，但几乎看不到工人。即使在夜间生产时，也不见灯火通明的景象，只有设备状态指示灯、品质检验灯等在持续运行。目前，该智能工厂已经将MIX Fold手机生产的200多道工序的自动化率提高到75%，成本下降20%。人工智能技术的应用是智能制造更高层次的要求，作为智能工厂"最强大脑"的决策判定系统，利用大数据、分析引擎、动态知识图谱、自适应能力，在动态和多维信息收集的基础上，对复杂问题进行自主判断、推理并做出前瞻性决策，同时系统还具有自学习、自适应的能力。换句话说，手机表面组装、检测、主板加工、预组装、整机测试能实现无人化，都是因为机器能够"自主"做出预测。

（一）人工智能概述

人工智能（artificial intelligence，AI）是研究、开发用于模拟、延伸和扩展人的智能的理论、方法、技术及应用系统的一门新的技术科学，是计算机科学的一个分支。在计算机科学中，人工智能有时也称为机器智能，是机器所展示的智能。人工智能发展非常迅速，智能机器人AlphaGo轻松击败人类九段围棋高手，国内的大型网络公司以及很多初创公司纷纷投身人工智能领域，使人工智能在自动驾驶、图像识别、语音识别等领域得到广泛的应用。

人工智能有真智能和假智能的说法。假智能指的是专家系统、决策树、归纳逻辑、聚类等，它们只是一个大型的复杂的程序而已，人们能清楚地知道它们内部的分析过程；真智能是指人工神经网络。它的内部是一个黑盒，就像人类的大脑一样，人们不了解其内部的分析过程，不知道它是如何识别出人脸的，也不清楚它是如何打败围棋冠军的。人类只是为它构造了一个躯壳而已。这就是人工智能的神奇之处。

人工智能涉及的内容非常广泛，下面对人工智能的相关概念和基础知识进行简单说明。

1. 人工神经网络

人工神经网络（artificial neural networks，ANNs），简称神经网络（neural networks，NNs），是一种模仿动物神经网络行为特征，进行分布式并行信息处理的算法数学模型。人工智能的实现，很大一部分基于人工神经网络。神经网络是一种运算模型，由大量的节点（或称神经元）相互连接构成。每个节点代表一种特定的输出函数，称为激励函数（activation function）。每两个节点之间的连接都代表一个对于通过该连接信号的加权值，称为权重，这相当于人工神经网络的记忆。输出则因为网络的连接方式、权重值和激励函数的不同而不同。网络自身通常都是对自然界某种算法或者函数的逼近，也可能是对一种逻辑策略的表达。

最近十多年来，人工神经网络的研究工作不断深入，并取得了很大的进展，在模式识别、智能机器人、自动控制、预测估计、生物、医学、经济等领域已成功地解决了许多现代计算机难以解决的实际问题，表现出了良好的智能特性。

2. 机器学习

机器学习（machine learning，ML）是一门多领域交叉学科，涉及概率论、统计学、逼近论、凸分析、算法复杂度理论等多门学科，专门研究计算机怎样模拟或实现人类的学习行为，以获取新的知识或技能，重新组织已有的知识结构使之不断改善自身的性能。机器学习是人工智能的核心，是使计算机具有智能的根本途径，其应用遍及人工智能的各个领域。

机器学习包含多种使用不同算法的学习模型，根据使用的数据集和预期结果，每一种模型可以应用一种或多种算法。机器学习算法主要用于对事物进行分类、发现模式、预测结果及制定明智的决策。算法一般一次只使用一种，但如果处理的数据非常复杂、难以预测，也可以组合使用多种算法，以尽可能提高准确度。

3. 深度学习

深度学习（deep learning，DL）的概念源于对人工神经网络的研究，含多个隐藏层的多层感知器就是一种深度学习结构，建立模仿人脑的机制进行分析学习的神经网络，用来解释复杂数据，例如，图像、声音和文本等。

深度学习是一类模式分析方法的统称，就具体研究内容而言，主要涉及三类方法。

（1）基于卷积运算的神经网络系统，即卷积神经网络（convolutional neural networks，CNN）。

（2）基于多层神经元的自编码神经网络，包括自编码（auto encoder）以及近年来受到广泛关注的稀疏编码两类（sparse coding）。

（3）以多层自编码神经网络的方式进行预训练，进而结合鉴别信息进一步优化神经网络权值的深度置信网络（deep belief network，DBN）。

区别于传统的浅层学习，深度学习强调了模型结构的深度，通常有5层、6层，甚至10多层的隐层节点，并明确了特征学习的重要性。也就是说，通过逐层特征变换，将样本在原空间的特征表示变换到一个新特征空间，从而使分类或预测更容易。通过设计建立适量的神经元计算节点和多层运算层次结构，选择合适的输入层和输出层；通过网络的学习和调优，建立起从输入到输出的函数关系，虽然不能百分之百地找到输入与输出的函数关系，但是可以尽可能地逼近现实的关联关系。使用训练成功的网络模型，就可以实现我们对复杂事务处理的自动化要求。

4. 机器视觉

机器视觉（computer vision，CV）是人工智能的主要分支之一，是使用计算机及相关设备对生物视觉的一种模拟，是一门关于如何运用照相机和计算机来获取我们所需的、被拍摄对象的数据与信息的学问。形象地说就是给计算机安装上眼睛（照相机）和大脑（算法），让计算机能够感知环境。机器视觉有着广泛的应用：医疗成像分析被用来提高疾病预测、诊断和治疗；人脸识别被用来自动识别照片里的人物，在安防及监控领域被用来指认嫌疑人；在购物方面，消费者现在可以用智能手机拍摄产品以获得更多购买选择。

5. 自然语言处理

自然语言处理（natural language processing，NLP）也是人工智能的主要分支之一，是计算机科学、人工智能、语言学关注计算机和人类（自然）语言之间的相互作用的领域。因此，自然语言处理是与人机交互的领域有关的。自然语言处理面临很多挑战，例如，自然语言理解，即计算机理解源于人为或自然语言输入的意思。

概括来说，人工智能、机器学习和深度学习覆盖的技术范畴是逐层递减的。人工智能是最宽泛的概念，机器学习是当前比较有效的一种实现人工智能的方式。深度学习是机器学习算法中最热门的一个分支，近些年取得了显著的进展，并替代了大多数传统机器学习算法。所以人工智能是追求目标，机器学习是实现手段，深度学习是其中的一种方法。人工智能、机器学习和深度学习的关系如图2-40所示。

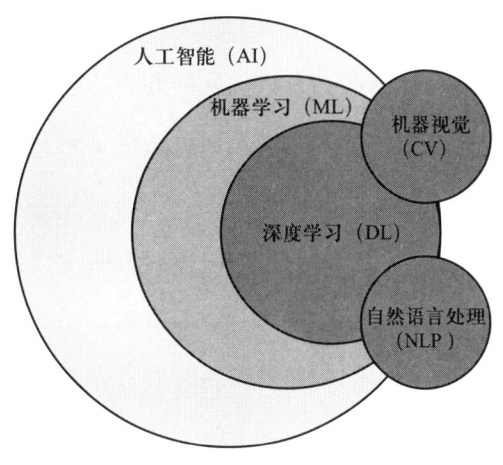

图 2-40　人工智能、机器学习和深度学习的关系

人工智能的发展可能不仅取决于机器学习，更取决于前面所提到的深度学习，深度学习技术由于深度模拟了人类大脑的构成，在视觉识别与语音识别上突破了原有机器学习技术的界限，因此，极有可能是真正实现人工智能梦想的关键技术。也许在不远的将来，借助于深度学习技术，一个具有人类智能的计算机真的出现了。

马斯克曾推理：如果人工智能想要消除垃圾邮件，可能它最后的决定就是消灭人类。马斯克认为预防此类现象的方法是引入政府的监管。中国政府和学术界探讨在人工智能诞生之初就给其加上若干规则限制，也就是不应该使用单纯的机器学习，而应该是机器学习与规则引擎等系统的综合。正如在人类社会中，法律就是一个最好的规则，杀人者死就是对于人类在探索提高生产力时不可逾越的界限。在这里，必须提一下这里的规则与机器学习引出的规律的不同。规律不是严格意义的准则，其更多代表的是概率上的指导，而规则则是神圣不可侵犯的，是不可修改的。规律可以调整，但规则是不能改变的。有效地结合规律与规则的特点，可以引导出一个合理的、可控的学习型人工智能。

（二）人工智能概述与大数据

与以前的众多数据分析技术相比，人工智能技术立足于神经网络，同时发展出多层神经网络，从而可以进行深度机器学习。与传统的算法相比，这一算法并无多余的假设前提（比如线性建模需要假设数据之间的线性关系），而是完全利用输入的数据自行模拟和构建相应的模型结构。这一算法特点决定了它更为灵活，且可以根据不同的训练数据而拥有自优化的能力。所以人工智能的基础是数据，没有数据的话，人工智能就成为无源之水。而且，很多实验表明，数据量越大，机器学习的效果越好，机器解决问题的准确度越高。

在机器学习数据的时候，有两个很大的问题需要解决：一是计算量的问题，在机器学习数据的时候计算量非常大；二是数据量的问题，随着技术的发展数据量越来越大。这两个问题都可以通过大数据技术来解决，所以说大数据技术是推动人工智能发展的重要因素。

由于人工智能算法多是依赖于大量的数据，这些数据往往需要面向某个特定的领域（如电商、邮箱）进行长期地积累。如果没有数据，就算有人工智能算法也无济于事，所以人工智能程序很少像前面的 IaaS 和 PaaS 一样，将人工智能程序给某个用户安装一套，让用户去用。因为给用户单独安装一套，客户没有相关的数据做训练，结果往往是很差的。但云计算厂商往往是积累了大量数据的，于是就在云计算厂商里面安装一套，暴露一个服务接口。这种形势的服务在云计算里面称为软件即服务，于是人工智能程序作为软件即服务平台进入了云计算，对外提供服务。

四、云计算、大数据和人工智能的关系

物联网、云计算、大数据和人工智能是当今信息化的四大板块，它们是一个整体，有着本质的联系，具有融合的特质和趋势。云计算是一个计算、数据存储、通信工具，物联网、大数据和人工智能必须依托于云计算的分布式处理、分布式数据库和云存储、虚拟化技术才能形成行业级应用；人工智能离不开大数据，更是基于云计算平台完成深化学习进化的；物联网则会借助人工智能成熟算法来提升物联设备的智能化程度。人工智能未来将是掌控这个实体的大脑，云计算可以认为是在大脑指挥下对大数据进行处理并应用。

新冠肺炎疫情发生以来，大数据、云计算和人工智能等新一代信息技术加速与交通、医疗、教育、金融等领域深度融合，从疫情信息统计分析，到流动人员健康监测、

确诊病例追踪，再到疫情态势研判、预测，大数据、云计算和人工智能技术助力筑牢疫情防控网，为科学防控、复工复产、民生保障等提供了有力支撑。2020年，在某批发市场的疫情管控中，在行动轨迹一致的情况下，利用大数据分析相关风险人群的位置和路径，仅用了短短几天时间就找到了风险时间段到访过该批发市场的人群，为疫情防控提供了及时可靠的数据。

5G是基础通信载体，是实现"万物互联"的前提条件，可以被看作基础设施建设。如果仍然停留在4G时代，没有足够的数据传输速率和网络带宽，那就只能是"巧妇难为无米之炊"。5G技术将助推大数据、人工智能、区块链等技术交叉融合，实现空、天、地一体化的全球网络无缝覆盖，满足安全可靠的人机物链接需求。

制造业是国家经济命脉所系。近年来，5G、大数据、云计算和人工智能等新一代信息技术与制造业深度融合，应用范围向生产制造的核心环节不断延伸，有力支撑了制造业数字化、网络化、智能化转型升级，助力"中国制造"向"中国智造"飞跃。在某公司的微波炉工厂，应用了"5G+人工智能+云技术"的AI质检系统，能在生产节拍的1.3 s内，完成拍摄5张照片、上传云平台、分析到输出结果的所有步骤。而在这个系统运用前，人工检测需要30 s，且由于是定期抽检，如果漏检还会造成批量事故。

第五节　软件工程

本节前面部分对软件工程进行讲解，包括软件与软件工程的关系，软件生存模型等；中间部分对软件的结构化分析与设计方法进行讲解，包括软件需求的获取，结构化分析方法和结构化设计方法等；后面部分对软件编程进行讲解，包括程序设计风格、编程规范和代码规范等。

考核知识点及能力要求：

- 理解什么是软件工程。
- 理解什么是结构化与分析的方法。
- 理解什么是编程设计风格。
- 掌握代码编写规范。

一、软件工程概述

软件工程是一门研究用工程化方法构建和维护有效、实用和高质量的软件的学科，涉及程序设计语言、数据库、软件开发工具、系统平台、标准等，涉及领域有电子邮件、嵌入式系统、人机界面、办公套件、操作系统、编译器、数据库、游戏等。同时，各个行业几乎都有计算机软件的应用，如工业、农业、金融、航空航天、政府部门等，这些应用促进了经济和社会的发展，也提高了人们的工作效率和生活品质。

（一）软件与软件工程

1. 软件

软件是指令的集合（计算机程序），通过执行这些指令来满足预期的特征、功能和性能需求；软件也是数据结构，使得程序可以合理地利用信息；软件还是文档描述，用来描述程序操作和使用。

（1）软件的特点。软件是逻辑产品，不同于物理产品。硬件会磨损，可以简单替换，软件则不会因为更新变得脆弱，反而会更加健壮；软件设计开发复杂，对人员技术水平要求高，成本和设计进度难以控制；软件运行风险大、维护困难等。

（2）软件的分类。从传统意义上来讲，软件可以分为系统软件、应用软件、工程/科学软件、嵌入式软件、产品线软件、Web应用软件、人工智能软件。

从新兴的发展技术来讲，软件又可分为开放计算型软件、普适计算型软件、网络资源软件、开放源码软件、其他（数据挖掘、网格计算、认知机）类型软件。

（3）软件的发展。20世纪60年代中期以前，通用硬件相当普遍，软件一般是为每个具体应用专门编写的，除程序清单外没什么文档资料保存。从20世纪60年代中期到20世纪70年代中期，出现了软件作坊，但还是沿用早期个体化的软件开发方法。随着计算机的日益普及，软件数量急剧增长。

在全球软件领域，20世纪60年代出现软件危机，软件工程被正式提出，人们开始注重软件结构的研究；到了20世纪70年代，程序设计方法学成为研究热点，出现了结构化分析和设计方法；20世纪80年代，软件开发方法学成为研究重点，面向对象技术开始出现并逐步流行；到了20世纪90年代，软件复用和软件构件技术被视为解决软件危机的一条现实可行途径，基于构件的软件开发方法成为主流技术之一。

1980年中国软件产业起步，开发以手工作坊式为主，当时主要开展软件开发方法学研究；到了20世纪90年代，软件企业开始使用软件工具，以构件技术为主线开展前沿研究，建立了较为全面的软件工程环境；2000年以后，软件企业开始尝试工业化生产，于是展开了网构软件技术体系的研究，建设软件构件库体系，建立标准和培养人才。

（4）软件发展过程中的问题。随着软件的发展，出现了一系列的"软件危机"（software crisis），即计算机软件开发和维护过程所遇到的一系列严重问题。软件危机的表现有：对软件开发成本和进度的估算很不准确，甚至严重拖期和超出预算；无法满足用户需求，导致用户不满；质量很不可靠，经常失效；难以更改、调试和增强；没有适当的文档；软件成本比重上升；软件开发生产率跟不上计算机应用迅速深入的趋势。

软件危机的原因：客观上软件产品开发的复杂度和难度随软件规模呈指数级增长，随着软件规模的急速增长，软件的开发方法逐渐不再适用；主观上软件开发人员缺乏工程性的、系统性的方法论，程序员具有编程的能力，但对软件开发这一过程性较强的任务却缺乏足够的工程化思维；存在对软件开发的一些认识的误区，即软件神话（software myths），没有将"软件产品研发"与"程序编码"区分清楚；忽视需求分析、轻视软件维护等。

2. 软件工程

为了克服软件危机，引入了软件工程的概念。软件工程是建立和使用一套合理的工程原则，经济地获得可靠的、可以在实际机器上高效运行的软件。软件工程是将系统化的、规范的、可量化的方法应用于软件的开发、运行和维护，即将工程化方法应用于软件。

（1）软件工程的特点。软件工程的特点如下：

1）软件工程关注于大型程序的构造。

2）软件工程的中心课题是控制复杂性。

3）软件经常变化。

4）开发软件的效率非常重要。

5）和谐地合作是开发软件的关键。

6）软件必须有效地支持它的用户。

（2）软件工程的基本原理。著名的软件工程专家 B. W. Boehm 综合学者们的意见，总结了多年开发软件的经验，于 1983 年在一篇论文中提出了软件工程的 7 条基本原理。这 7 条基本原理是确保软件产品质量和开发效率的原理的最小集合。7 条基本原理互相独立，其中任意 6 条组合都不能替代另一条，同时这 7 条原理又是相当完备的，虽然不能用数学方法严格证明它们是一个完备集合。但在此之前提出的 100 多条软件工程原理都可以由这 7 条原理任意组合蕴含或派生。7 条基本原理如下：

1）用分阶段的生命周期计划严格管理。

2）坚持进行阶段评审。

3）实行严格的产品控制。

4）采用现代程序设计技术。

5）结果应能清楚地审查。

6）开发小组的人员应该少而精。

7）承认不断改进软件工程实践的必要性。

(二)软件生存周期模型

软件生存周期模型是描述软件开发过程中各种活动如何执行的模型。软件生存周期模型确立了软件开发和演绎中各阶段的次序限制以及各阶段或机动的准则,确立了开发过程所遵守的规定和限制,便于各种活动的协调,便于各种人员的有效通信,有利于活动重用,有利于活动管理。

1. 软件生命周期模型

同任何事物一样,一个软件产品或软件系统也要经历孕育、诞生、成长、成熟、衰亡等阶段,一般称为软件生命周期(软件生存周期)。软件生命周期模型是人们为开发更好的软件而归纳总结的软件生命周期的典型实践参考。为了使规模大、结构复杂和管理复杂的软件开发容易控制和管理,人们把整个软件生命周期划分为若干阶段,使得每个阶段都有明确的任务,并整理出软件生命周期模型,如图 2-41 所示。

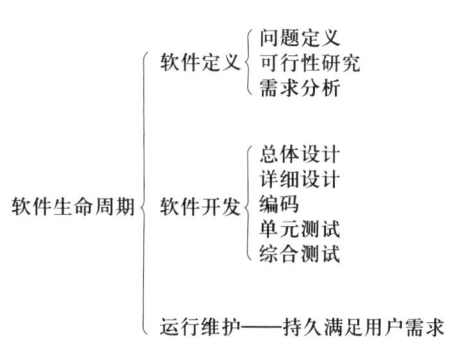

图 2-41 软件生命周期模型

软件定义时期的任务:确定软件开发工程必须完成的总目标;确定工程的可行性;导出实现工程目标应该采用的策略及系统必须完成的功能;估计完成该项工程需要的资金和成本,并制定工程进度表。定义时期的工作通常又称为系统分析,由系统分析员负责完成。软件开发时期具体设计和实现在前一时期定义的软件。运行维护的主要任务是使软件持久地满足用户的需要。

2. 软件过程

软件过程是各个环节的黏合剂,是软件产品构建时所执行的一系列活动(activity)、动作(action)和任务(task)的集合。

软件过程的框架包含框架活动和普适性活动。框架包含沟通、策划、建模(需求分析、设计)、构建(代码生成、测试)、部署 5 个活动;普适性活动包含软件项目管理、正式技术评审、软件质量保证、软件配置管理、工作产品的准备和生产、可复用管理、测量、风险管理。

3. 经典软件过程模型

(1) 瀑布模型。瀑布模型 (waterfall model) 也称为线性顺序模型。在20世纪80年代以前,瀑布模型一直是唯一被广泛采用的生命周期模型,如图2-42所示。

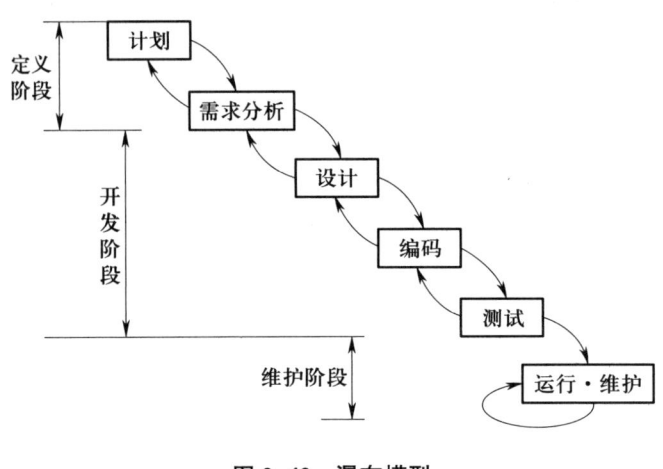

图 2-42 瀑布模型

瀑布模型的特点:阶段间具有顺序性和依赖性、推迟实现的观点、每个阶段必须完成规定的文档;每个阶段结束前完成文档审查,及早改正错误。

(2) 快速原型模型。快速原型模型 (rapid prototype model) 也称为原型模型,在用户不能给出完整、准确的需求说明,或者开发者不能确定算法的有效性、操作系统的适应性或人机交互的形式等诸多情况下,可以根据用户的一组基本需求,快速建造一个原型 (可运行的软件),然后进行评估,进一步精化、调整原型,使其最终满足用户的要求,也使开发者对将要做的事情有更好的理解。快速原型模型如图2-43所示。

图 2-43 快速原型模型

快速原型模型存在的问题：为了使原型尽快工作，没有考虑软件的总体质量和长期的可维护性；为了演示，可能采用不合适的操作系统、编程语言、效率低的算法，这些不理想的选择成了系统的组成部分；开发过程不便于管理。

（3）螺旋模型。螺旋模型（spiral model）的基本思想是降低风险。对于复杂的大型软件，开发一个原型往往达不到要求。螺旋模型将瀑布模型和原型模型结合起来，并加入了风险分析。在该模型中，软件开发是一系列的增量发布，早期的迭代中，发布的增量可能是一个纸上的模型或原型，在以后的迭代中，逐步产生系统更加完善的版本，如图2-44所示。

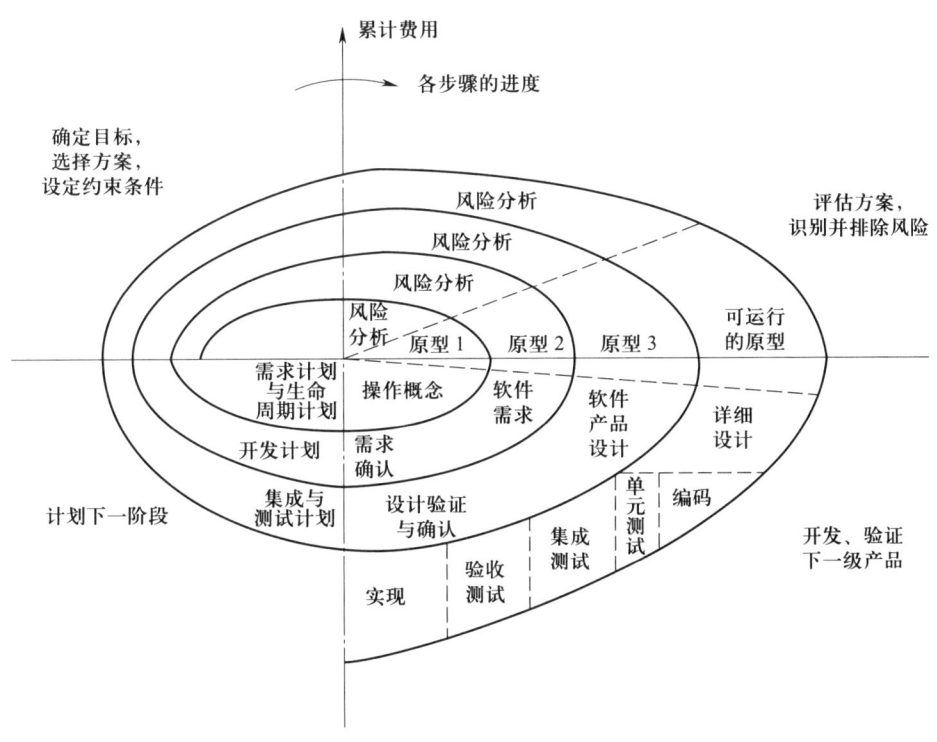

图 2-44　螺旋模型

螺旋模型的优点：对可选方案和约束条件的强调有利于已有软件的重用，也有助于把软件质量作为软件开发的一个重要目标；减少了过多测试或测试不足；维护和开发之间并没有本质区别。

（4）喷泉模型。喷泉模型（fountain model）也称为面向对象模型，其特点是主要用于支持面向对象开发过程体现了软件创建所固有的迭代和无间隙的特征。喷泉模型如图 2-45 所示。

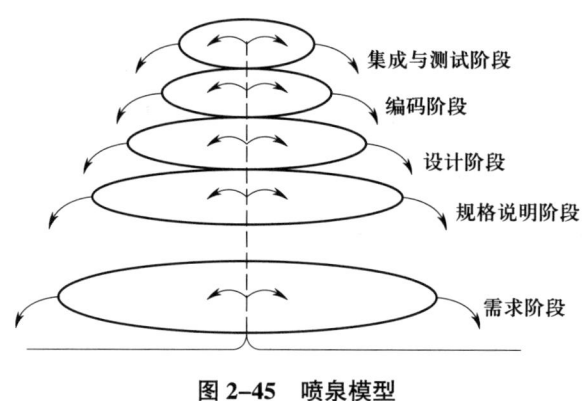

图 2-45　喷泉模型

二、结构化分析与设计方法

（一）软件需求获取与结构化分析方法

1. 需求分析

需求分析是软件定义时期的最后一个阶段，其基本任务不是确定系统怎样完成它的工作，而是确定系统必须完成哪些工作，也就是对目标系统提出完整、准确、清晰、具体的要求。在需求分析阶段结束之前，由系统分析员写出软件需求规格说明书，以书面形式准确地描述软件需求，即准确地回答"系统必须做什么？"。需求分析关系如图 2-46 所示。

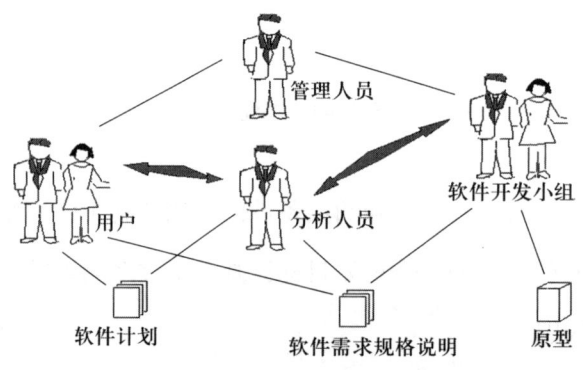

图 2-46　需求分析关系示意图

2. 需求组成与需求获取

需求组成与需求获取如图 2-47 所示。

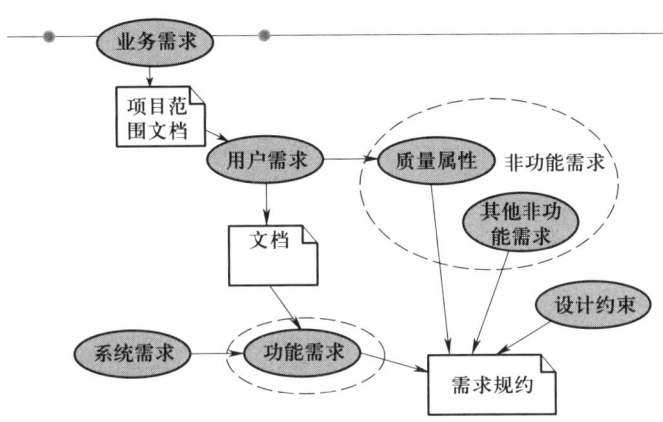

图 2-47 需求组成与需求获取示意图

（1）业务需求。一个小型超市需要一个商品的查询系统。进货人员需要查询商品库存以便保证及时进货；收款员需要查询商品的销售价格以便结账；经理需要查询商品的销售及盈利情况。

（2）用户需求。上述三类用户怎样去查询系统，查询哪些信息，还需要哪些操作。

（3）系统需求。从系统的角度描述要提供的服务以及所受到的约束。

（4）功能需求。描述系统应该做什么，即为用户和其他系统完成的功能、提供的服务。

（5）非功能需求。产品必须具备的属性或品质。

（6）设计约束。设计与实现必须遵循的标准、约束条件，如运行平台、协议、选择的技术、编程语言和工具等。

3. 结构化方法

结构化分析方法是一种需求分析的建模，典型的结构化方法如信息域中的数据模型（entity relationship diagram，ERD 或 ER 图）或用例图、软件功能中的功能模型（数据流图）、软件行为中的行为模型（状态/活动图）。

结构化方法把系统分成一组逻辑的、互相联系较少的部分，每一部分都描述了系统与外部角色交互所提供的服务,即用例的集合代表了所有将会在系统需求中出现的交互,因此,容易从使用的角度理解系统应具备的功能。例如,列出图书馆系统中以下参与者的最小用例集:借阅者、借书员、图书管理员、会计系统。

(二)结构化设计方法

1. 结构化设计方法概述

在软件需求分析阶段结束后,需要根据具体需求对软件进行建模,结构化设计就是建模方法之一。结构化分析(structured analysis,SA)于20世纪70年代末由DeMarco等人提出,之后众多科学家对其进行了扩充,因此,它是发展超过30年的一个混合物。下面将用实体–联系图(ER图)来讲解结构化设计的具体方法。

2. ER图

ER图是用来建立数据模型的工具,目的是构建数据模型。数据模型是一种面向问题的模型,是按照用户的观点对数据建立的模型。它描述了从用户角度看到的数据,反映了用户的现实环境,而且与在软件系统中的实现方法无关。

数据模型中包含数据对象、数据对象的复合信息。

(1)数据对象。是对软件必须理解的复合信息的抽象。

(2)复合信息。是指具有一系列不同性质或属性的事物,仅有单个值的事物(如宽度)不是数据对象。

可以由一组属性来定义的实体都可以被认为是数据对象,如外部实体、事物、行为、事件、角色、单位、地点或结构等。应该根据对所要解决的问题的理解,来确定特定数据对象的一组合适的属性,如:学生具有学号、姓名、性别、年龄、专业等属性;课程具有课程号、课程名、学分、学时数等属性;教师具有职工号、姓名、年龄、职称等属性。数据对象彼此之间相互连接的方式称为联系,也称为关系。联系也可能有属性,例如,学生"学"某门课程所取得的成绩,既不是学生的属性,也不是课程的属性。由于"成绩"既依赖于某位特定的学生,又依赖于某门特定的课程,所以它是学生与课程之间联系"学"的属性。教学管理ER图如图2-48所示。

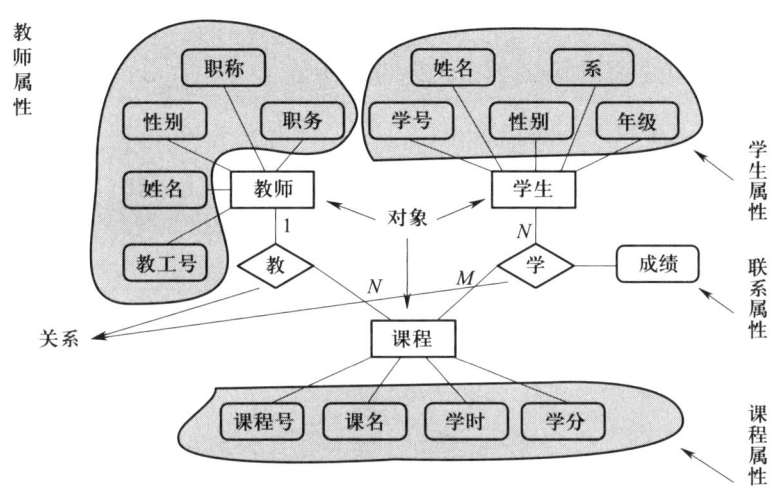

图 2-48 教学管理 ER 图

3. 结构化程序设计

结构化程序设计是一种设计程序的技术，它采用自顶向下逐步求精的设计方法和"单入口单出口"的控制结构。使用结构程序设计技术有如下好处：

（1）提高软件开发工程的成功率和生产率。

（2）系统有清晰的层次结构，容易阅读理解。

（3）采用单入口单出口的控制结构，容易诊断纠正。

（4）模块化可以使得软件可以重用。

（5）程序逻辑结构清晰，有利于程序正确性证明。

4. 节点组成

经典的结构程序设计只允许使用顺序、IF_THEN_ELSE 选择和 DO_WHILE 循环；扩展的结构程序设计除了使用三种基本的控制结构，还使用 DO_CASE 和 DO_UNTIL 循环；修正的结构程序设计除了使用三种基本控制结构和两种扩充结构，还使用 BREAK 等结构。

在结构化程序中，用到了大量的控制结构。流程图通常由三种节点组成。

（1）函数节点。如果一个节点有一个入口线和一个出口线，则称其为函数节点。由于函数节点一般对应于赋值语句，所以 F 也表示了这一个节点对应的函数关系，如图 2-49 所示。

（2）谓词节点。如果一个节点有一个入口线和两个出口线，而且它不改变程序的数据项的值，则称其为谓词节点，如图2-50所示。

P是一个谓词，根据P的逻辑值（T或F），节点有不同的出口。

（3）汇点。如果一个节点有两个或多个入口线和一个出口线，而且它不执行任何运算，则称其为汇点，如图2-51所示。

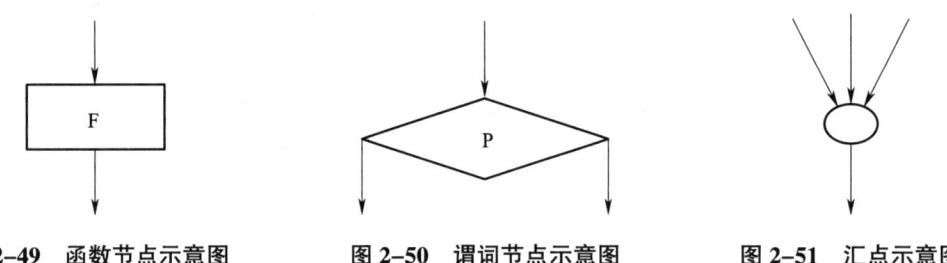

图2-49　函数节点示意图　　　图2-50　谓词节点示意图　　　图2-51　汇点示意图

5. 三种基本控制结构

常见的编程概念都包含结构化程序设计的三种基本控制结构，即顺序结构、选择（分支）结构和循环结构。

（1）顺序结构。顺序结构的程序设计是最简单的，其包含的语句按照书写的顺序执行，且每条语句都将被执行。其他的结构可以包括顺序结构，也可以作为顺序结构的组成部分。顺序结构的执行顺序是自上而下，依次执行，如图2-52所示。

（2）选择（分支）结构。语法有if和if…else语句。简单的if语句用于实现单分支的选择结构；if…else语句用于实现双分支的选择结构。条件为真，执行if中的语句，然后再执行if…else之后的语句；反之，执行else中的语句，然后再执行if…else之后的语句。选择（分支）结构如图2-53所示。

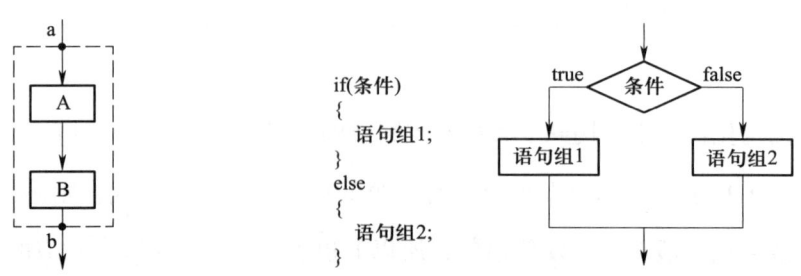

图2-52　顺序结构示意图　　　图2-53　选择（分支）结构示意图

还有 if…else 语句的多分支结构，如图 2-54 所示。

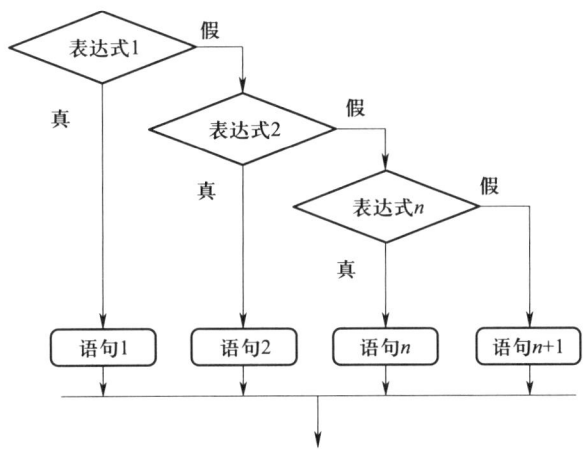

图 2-54　if…else 多分支结构示意图

还有一种 switch 语句的多分支结构。switch 语句会根据表达式的值从相匹配的 case 标签处开始执行，一直执行到 break 语句处或 switch 语句的末尾。与任一 case 值不匹配，则进入 default 语句（如果存在 default 语句的情况），如图 2-55 所示。

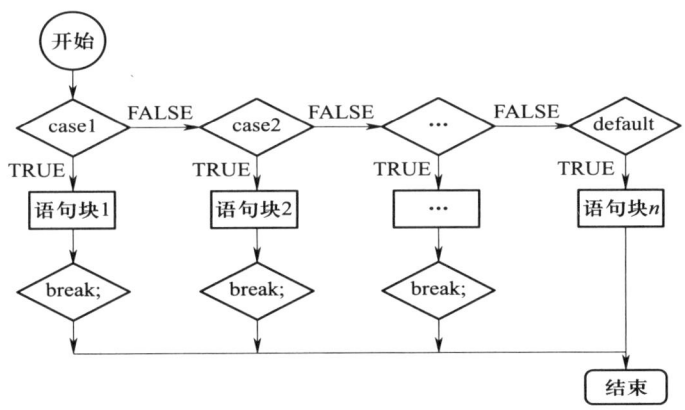

图 2-55　switch 多分支结构示意图

（3）循环结构。主要有 while 循环、do…while 循环和 for 循环三种，其中 for 循环是一种最为灵活的循环控制结构，完全可以替代 while 循环、do…while 循环，如图 2-56 所示。

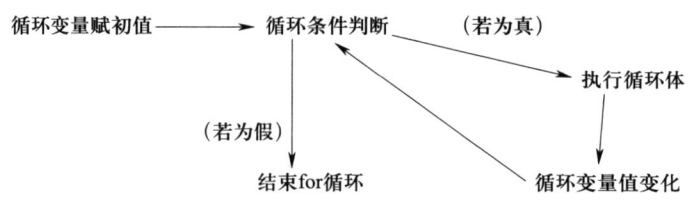

图 2-56　for 循环结构示意图

三、软件编程

（一）程序设计风格

风格就是一种规范，程序设计风格是指一个人编制程序时所表现出来的特点、习惯、逻辑、思路等。设计的程序要结构合理、清晰，不仅是可以在机器上执行并给出正确的结果，而且要便于程序的调试和维护，这就要求编写的程序不仅自己能看懂，而且要让别人看得懂。

随着计算机技术的发展，软件的规模增大了，复杂性也增强了。为了提高程序的可阅读性，要建立良好的编程风格。这里所说的程序设计风格是一种好的程序设计规范，包括良好的代码设计、函数模块、接口功能以及可扩展性等，更重要的是程序设计过程中代码的风格，包括缩进、注释、变量及函数的命名、泛型和容易理解。

（二）编程规范

要编写出可维护、可测试、可靠、可移植、高效的代码，应遵循以下编程规范。

1. 清晰、明了

代码是需要设计工程师和维护工程师共同阅读的，因此清晰、明了是第一要务。代码的可阅读性要高于代码的性能。清晰、明了的代码也利于后期维护，尤其是当工程师写的代码交给他人去维护的时候，维护者需要能够在尽可能短的时间内理清代码的逻辑。

2. 精简

代码越长越难看懂，所以应尽量将把函数写得精简。而且代码越长越容易出错，没有用的代码、变量等一定要及时清理。功能类似或者重复的代码应尽可能提炼成一个函数。

3. 尽量与原有代码风格保持一致

一个公司内部的代码风格一般都是统一的，当维护人员需要维护公司的代码时，代码风格出现冲突的话会加大维护难度，甚至影响维护的结果，所以应尽可能使用统一的代码风格。

4. 减少封装

当例程代码需要开源给用户阅读学习，并且在编写的过程中使用很多第三方库，比如嵌入式软件中 ST 的 HAL 库、NXP 的 FSL 库，LWIP 协议栈、UCOS 操作系统、FreeRTOS 操作系统等，因为这些第三方库的编码规范和风格各不相同，会带来不必要的麻烦。因此，应尽量不要对第三方库做封装，因为每一次封装都会将原有 API 函数的本意遮蔽。

5. 典型规范

要使用行业认可度较高的排版格式和注释（如代码缩进标准、代码注释规范、括号与空格使用规范），和标准的标识符命名（文件名、变量名、宏命名等）命名方式，函数编写尽可能满足统一要求（如一个函数只能完成一个功能、重复代码提炼成函数、不同函数用空行隔开、函数集中退出方法、函数嵌套不能过深，新增函数最好不超过 4 层、对函数的错误返回要进行全面的处理），变量使用规范（一个变量只能有一个功能，不能把一个变量当作多用途、不用或者少用全局变量，防止局部变量和全局变量重名）统一化。

（三）代码规范化

代码规范化的第一个好处就是好看、整齐和舒服。如果用不规范的方式写了几百行的代码，当下能看懂，但等过几个月再回头看时就可能看不懂了。代码规范化的第二个好处是程序不容易出错，即使出错了查错也会很方便。

代码规范化体现在以下 7 个方面。

1. 空行

空行起着分隔程序段落的作用。空行不仅不会浪费内存，而且空行得体会使程序的布局更加清晰。

2. 空格

使用空格的规范如下：

（1）关键字之后要留空格，以突出关键字。

（2）函数名之后不要留空格，应紧跟左括号(()）。

（3）符号","应向前紧跟，其前不留空格，其后要留空格。

（4）赋值运算符、关系运算符、算术运算符、逻辑运算符、位运算符等双目运算符，如 =、+=、/=、%=、&=、|=、>、>=、+、-、&、|、&&、||、<<、>> 等，前后应当加空格。

（5）单目运算符，如 !、~、++、--、*、& 等，前后不加空格。

3. 成对书写

成对的符号一定要成对书写，如()和{}。不要写完左边然后写内容最后再补右边，否则在多层嵌套时很容易漏掉。

4. 缩进

缩进可以使程序更有层次感，推荐用四个空格。原则是：如果地位相等，则不需要缩进；如果属于某一个代码的内部代码就需要缩进。

5. 对齐

对齐主要是针对大括号{}而言的，{ 和 } 分别要独占一行，互为一对的 { 和 } 要位于同一列，并且与引用它们的语句左对齐。

6. 代码行

一行代码只做一件事情，如只定义变量或只写一条语句，这样的代码容易阅读，并且便于写注释。

7. 注释

注释通常用于重要的代码行或段落提示，虽然注释有助于理解代码，但也不可过多地使用注释。正常情况下，应该边写代码边注释。修改代码的同时注意要修改相应的注释，以保证注释与代码的一致性。

要做到代码规范化需要长期坚持练习，从模仿到理解，最终养成良好的编程习惯。

第六节　信息安全和物联网安全

本节前半部分对信息安全进行讲解，包括信息安全简介、案例、威胁和防御技术；后半部分对物联网安全进行讲解，包括物联网安全简介、威胁、防护框架和防护策略。

考核知识点及能力要求：
- 掌握信息安全的六种属性。
- 了解信息安全威胁的种类。
- 了解信息安全的防御技术。
- 了解物联网威胁模型。
- 熟悉物联网的安全防护策略。

一、信息安全

信息技术已经成为最活跃的生产力要素，成为影响国家综合实力和国际竞争力的关键因素。加快信息化发展，坚持以信息化带动工业化，以工业化促进信息化，是我国加快实现工业化和现代化的必然选择。

在大力推进信息化的过程中，信息安全问题逐渐突出，成为决定信息化能否健康发展乃至成败的关键因素。上至国家安全，下至防范青少年对不良信息的浏览、个人信息的泄露、公民个人权益和公众权益等，这些都对信息安全提出了极为迫切的需求，信息安全也上升为国家安全的重要组成部分。但信息安全并不是最终的目的，维护信息安全是为了为信息化发展保驾护航，"以安全保发展，在发展中求安全"的信息安全保障工作原则揭示了两者之间的辩证关系。

（一）信息安全简介

信息安全是指信息网络的硬件、软件及其系统中的数据受到保护，不因偶然的或者恶意的攻击而遭到破坏、更改、显露。这里包含层面的概念，其中计算机硬件可以看作物理层面，软件可以看作运行层面，信息的内容可以看作数据层面；又包含属性的概念，其中破坏涉及的是可用性，更改涉及的是完整性，显露涉及的是机密性。

信息安全是一门涉及计算机科学、网络技术、通信技术、密码技术、安全技术、应用数学、数论、信息论等多种学科的综合性学科。信息技术的发展促使信息安全的内涵不断延伸，可以理解为信息系统抵御意外事件或恶意行为的能力，这些事件和行为将会危及存储、处理或传输的数据，或者影响信息安全的六种基本属性：机密性、完整性、可用性、不可否认性、真实性和可控性。

（1）机密性。机密性是指信息不被非授权解析，信息系统不被非授权使用的特性。保证数据即使被捕获也不会被解析，保证信息系统即使能够被访问也不能够越权访问与访问者身份不相符的信息。

（2）完整性。完整性是指信息不被篡改的特性。要确保网络中所传播的信息不被篡改，或任何被篡改的信息都可以被发现。

（3）可用性。可用性是指信息与信息系统在任何情况下都能够在满足基本需求的前提下被使用的特性。这一特性存在于物理安全、运行安全层面上。要确保基础信息网络与重要信息系统的正常运行能力，包括保障信息的正常传递、保证信息系统正常提供服务等。

（4）不可否认性。不可否认性是指能够保证信息系统的操作者或信息的处理者不能否认其行为或处理结果的特性。这可以防止参与某次操作或通信的一方事后否认该事件曾发生过。

（5）真实性。真实性是指信息系统在交互运行中确保并确认信息的来源以及信息发布者的真实可信及不可否认的特性。要保证交互双方身份的真实可信以及交互信息及其来源的真实可信。

（6）可控性。可控性是指在信息系统中具备对信息流的监测与控制特性。应具有对互联网上特定信息和信息流的主动监测、过滤、限制、阻断等控制能力。

信息安全的机密性、完整性和可用性主要强调对非授权主体的控制；信息安全的可控性和不可否认性是对授权主体的控制，实现对保密性、完整性和可用性的有效补充，强调授权用户只能在授权范围内进行合法地访问，并对其行为进行监督和审查。

（二）信息安全案例

1. 案例一

2012年4月起，某境外组织对某国政府、科研院所、海事机构、海运建设、航运企业等相关重要领域展开了有计划、有针对性的长期渗透和攻击，代号为OceanLotus（海莲花）。该境外组织意图获取机密资料，截获受害计算机与外界传递的情报，甚至操纵终端自动发送相关情报。海莲花组织主要使用的攻击手段有以下两种。

（1）鱼叉攻击。将木马程序作为电子邮件的附件，并取一个极具诱惑力的名称，例如，"公务员收入改革方案""某热点事件最新通报"等，发送给目标计算机，诱使受害者打开附件，从而感染木马病毒。

（2）水坑攻击。黑客分析攻击目标的上网活动规律，寻找被攻击目标经常访问的网站的弱点，先将此网站"攻破"并植入攻击代码，一旦被攻击目标访问该网站就会"中招"。例如，在某公司员工经常访问的公司内网Web服务器上，将公司内部的共享资料替换成木马程序，所有按要求下载资料的员工的计算机都会被植入木马病毒，向黑客计算机发送涉密资料。

2. 案例二

2017年不法分子利用危险漏洞"EternalBlue"（永恒之蓝）传播一种勒索病毒软件WannaCry，全世界100多个国家超过10万台计算机遭到了勒索病毒的攻击、感染，造成了巨额的经济损失。

WannaCry勒索病毒利用Windows操作系统445端口存在的漏洞进行传播，并具有自我复制、主动传播的特性，中国部分Windows操作系统用户遭受感染，校园网用户首当其冲，受害严重，大量实验室数据和毕业设计被锁定加密。部分大型企业的应用系统和数据库文件被加密后无法正常工作，影响巨大。

造成这类攻击事件的原因非常多。表面看来是由于病毒、漏洞等攻击手段引起的，而更深层次的原因是信息系统的复杂性，以及很多人为因素与环境因素。以上两个案例直接反映了信息安全管理的重要性。据统计，企业因信息安全问题遭受的损失的 70% 是由于企业内部员工的疏忽或有意泄密导致，因此，我们常说信息安全靠的是"三分技术，七分管理"。安全技术知识信息是安全控制的重要手段，要让安全技术发挥应有的作用，必然要有适当的管理程序予以支持。安全技术做得再多再好，管理体系不到位，依旧有巨大的安全风险存在。毕竟不管是服务器，还是其他设备，运行时都需要管理员来进行监督和管理，如果管理体制不健全，那么再好的安全技术也无法发挥作用。

（三）信息安全威胁

信息安全威胁总结起来主要有以下几种。

1. 来源威胁

现在几乎所有的 CPU、操作系统、外部设备、网络系统，甚至一些加密解密工具都来源于国外，这就相当于自己的秘密掌握在别人手中一样，自己的信息安全时刻面临着威胁。

2. 传输渠道威胁

信息要经过有线或无线的通道进行传输。信息在传输的过程中可能被窃听、篡改和伪造。信息的传输还要经过有形和无形的介质，由于外界环境的因素会使信号减弱、失真或丢失，甚至会导致传输的信号因出错而无法被接收。

3. 设备故障威胁

设备出现故障会导致通信中断。在整个信息系统中，硬件设备非常多，因而故障率也非常高。

4. 系统人员威胁

来自系统人员的威胁主要体现在以下两个方面：

（1）软件开发者在开发的软件中残留错误，往往这些埋藏很深的错误会导致不可挽回的损失。

（2）网络管理员和运维人员的道德品质和文化水平也影响着网络的安全。网络管理员是直接接触网络机密的人，他们有机会窃取用户的密码以及其他秘密资料，并且一旦他们做出危险行为，可能会破坏网络的完整性，成为信息安全最直接的威胁。

5. 法律制度的威胁

信息安全立法滞后为黑客的违法犯罪行为提供了可乘之机，而且各国出于各自的国家利益考虑，在联合打击国际黑客犯罪方面的合作力度不够。同时，信息安全技术自身在发展过程中还有很多不成熟的地方，经常被不法分子所利用。

6. 病毒威胁

计算机病毒危害严重。如今，通过网络传播的计算机病毒越来越多，产生的危害性也越来越大。防毒软件具有一定的滞后性，不能产生防患于未然的效果。

（四）信息安全防御技术

1. 入侵检测技术

在使用计算机软件学习或者工作的时候，多数用户会面临程序设计不当或者配置不当的问题，若是用户没能及时解决这些问题，就使得黑客能更加轻易地入侵到自己的计算机系统中。黑客可以利用程序漏洞入侵他人计算机，窃取或者损坏信息资源，造成一定程度的破坏和经济上的损失。因此，在出现程序漏洞时用户必须及时处理，可以通过安装补丁来解决漏洞问题。此外，入侵检测技术也能够更加有效地保障计算机网络信息的安全性，该技术是通信技术、密码技术等技术的综合体，用户合理利用入侵检测技术能够及时了解计算机中存在的各种安全威胁，并采取一定的措施进行处理。

2. 防火墙以及病毒防护技术

防火墙是一种能够有效保护计算机安全的重要技术，它是由软件和硬件组合而成的设备，通过建立检测和监控系统来阻挡外部网络的入侵。用户可以使用防火墙有效阻挡外界因素对计算机系统的访问，确保计算机的保密性、稳定性以及安全性。

病毒防护技术是指通过安装杀毒软件进行安全防御，并通过及时更新软件来保持安全环境。病毒防护技术的主要作用是对计算机系统进行实时监控，同时防止病毒入侵计算机系统对其造成危害，将病毒进行截杀与消灭，实现对系统的安全防护。

除此以外，用户还应当积极主动地学习计算机安全防护知识，在网上下载资源时尽量不要选择不熟悉的网站，若是必须下载则要对下载的资源进行杀毒处理，保证该资源不会对计算机安全运行造成负面影响。

3. 数字签名以及生物识别技术

数字签名技术主要应用于电子商务领域。该技术有效地保证了信息传播过程中的保密性以及安全性，同时也能够避免计算机受到恶意攻击或侵袭。

生物识别技术是指通过对人体的特征识别来决定是否给予应用权利。人体特征主要包括指纹、虹膜、声音和人脸等。生物识别技术能够最大限度地保证计算机信息的安全，如今应用最为广泛的是指纹识别技术和人脸识别技术，这些技术在安全保密的基础上也有着稳定简便的特点，为人们带来了极大的便利。

4. 信息加密处理与访问控制技术

信息加密技术是指用户可以对需要进行保护的文件进行加密处理。信息加密时用户可以设置一定难度的复杂密码，并牢记密码保证其有效性。此外，用户还应当对计算机设备进行定期检修和维护，并对计算机系统进行实时监测，防范网络入侵风险，进而保证计算机的安全稳定运行。

访问控制技术是指通过用户的自定义对某些信息进行访问权限设置，或者利用控制功能实现访问限制。该技术能够使用户信息被有效保护，也可以避免非法访问等情况的发生。

5. 安全防护技术

安全防护技术包括：网络防护技术（防火墙、统一威胁管理、入侵检测防御等）、应用防护技术（应用程序接口安全技术等）、系统防护技术（防篡改、系统备份与恢复技术等），防止外部网络用户以非法手段进入内部网络，访问内部资源，保护内部网络操作环境的安全。

6. 安全审计技术

安全审计技术包括日志审计和行为审计。通过日志审计，管理员在受到攻击后可以察看网络日志,从而评估网络配置的合理性、安全策略的有效性,追溯分析安全攻击轨迹,并能为实时防御提供手段。行为审计是通过对员工或用户的网络行为审计,确认行为的合规性,确保信息及网络使用的合规性。

7. 安全检测与监控技术

安全检测与监控技术是对信息系统中的流量以及应用内容进行二至七层的检测并适度监管和控制,避免网络流量的滥用、垃圾信息和有害信息的传播。

8. 身份认证技术

身份认证技术是用来确定访问或介入信息系统用户或设备身份的合法性的技术,典型的认证手段有用户名口令、身份识别、数字证书和生物认证等。

除了以上技术的应用,我们也应加强安全防护意识。在日常生活中经常会用到各种用户登录信息,比如网银账号、微信及支付宝等,这些信息最易成为不法分子的目标。不法分子登录用户的使用终端,企图窃取用户的信息,将用户账户内的数据信息或者资金盗取。更为严重的是,当前社会上很多用户的多个账户之间是有关联的,一旦窃取成功一个账号,对其他账号的窃取便易如反掌,给用户带来更大的经济损失。因此,必须时刻保持警惕,提高自身安全意识,拒绝下载不明软件,禁止点击不明网址、提高账号密码安全等级、禁止多个账号使用同一密码等,提高自己的安全防护能力。

二、物联网安全

物联网正在成为最广泛和实用的在线平台,它将大量的传感器和控制器联网,帮助人们实现和万物之间的无缝通信。近几年,随着物联网产业的兴盛,各种各样的物联网设备层出不穷,在智能家居、智能穿戴、智能制造、智能汽车等和生产生活相关的领域广泛应用,极大地提升了人们的生活质量。

同时,物联网设备的安全问题也经常发生,难以解决。惠普基于其 Fortify 部门对 10 个最流行的物联网设备进行了研究。惠普发现,平均每个设备有 25 个漏洞,这些设备涵盖电视、网络摄像头、自动调温器、遥控电源插座、洒水器、门锁、家用报警器、体重秤和车库开关等。攻击者会利用设备漏洞控制设备,进行一系列非法活动。最著名的例子是 2016 年 Mirai 病毒控制了成百上千台物联网设备，并使用这些设备建造了一个僵尸网络发动 TB 级的拒绝服务攻击，攻击目标包括 DNS 服务提供商 Dyn。这次攻击造成了严重的后果，包括导致美国部分网络瘫痪。总的来说，随着物联网设备的广泛使用、安全漏洞的增加会对用户的隐私和安全，甚至人类的生活和财产带来严重威胁。

（一）物联网安全简介

物联网安全的目标是达成物联网中的信息安全，确保物联网能够按需地为获得授权的合法用户提供及时、可靠、安全的信息服务。物联网的安全问题是多方面的，包括传统的网络安全问题、互联网的安全问题和物联网感知过程中的特殊安全问题等，因此，物联网与互联网在信息安全上有共性，体现在以下几点：

（1）物联网安全不是全新的概念。

（2）物联网安全比互联网安全多了感知层安全。

（3）传统互联网的安全机制可以应用到物联网。

（4）物联网安全比互联网安全更加复杂。

物联网技术在高速发展和广泛应用的时期，面临的安全问题越来越多，各国都加速了面向物联网安全的相关立法和政策制度的制定，以保障物联网的健康发展。美国在 2018 年颁布了《物联网设施网络安全法》，是世界上第一部关于物联网设施的安全法律，在立法层面上规范了对物联网设施的安全性要求。2019 年 6 月，美国众议院批准了《物联网网络安全改善法令》，对政府部门采用的所有物联网设施制定最低的安全标准。

我国早于 2013 年就将物联网的安全性列入政府工作体系中，并不断推进物联网的安全建设工作。2013 年出台的《国务院办公厅对于推进物联网秩序发展的指示若干意见》中明确提出，将建立健全物联网安全测试、风险评价、安全预警、紧急处理等制度。2019 年出台的网络安全等级保护 2.0 相关标准也明确了物联网安全要求。工信部 2021 年发布的《物联网基础安全标准体系建设指南（2021 版）》（以下简称《指南》），为物联网的建设和安全标准提供了可参照的依据，指南的框架结构如图 2-57 所示。

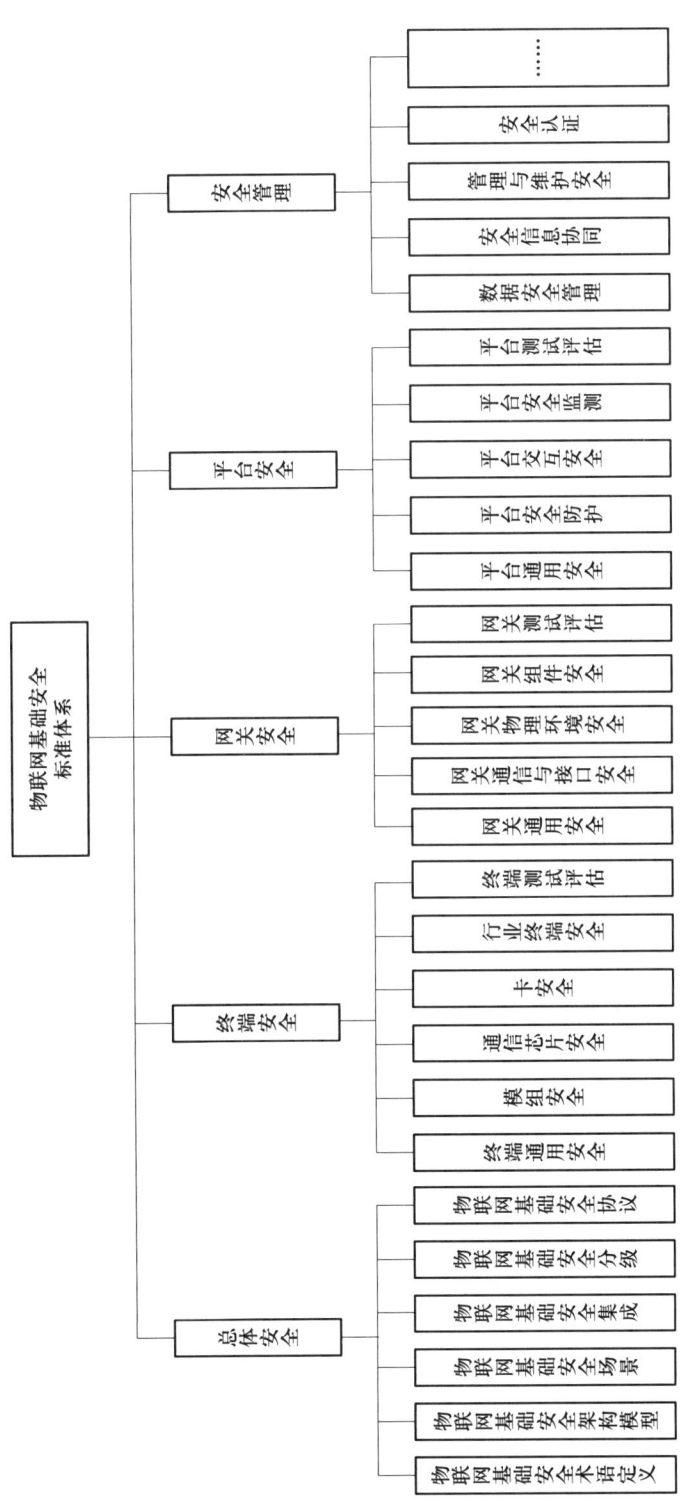

图 2-57 物联网基础安全标准体系建设指南框架结构

《指南》规划：到 2022 年初步建立物联网基础安全标准体系，研制重点行业标准 10 项以上，明确物联网终端、网关、平台等关键基础环节安全要求，满足物联网基础安全保障需要，促进物联网基础安全能力提升；到 2025 年推动形成较为完善的物联网基础安全标准体系，研制行业标准 30 项以上，提升标准在细分行业及领域的覆盖程度，提高跨行业物联网应用安全水平，保障消费者安全使用。

（二）物联网安全威胁

物联网是可以连接到互联网或内部网络的设备和外围设备的集合。这些设备有多种形状和尺寸，生活中常见的 Wi-Fi 路由器可以被视为物联网设备，因为路由器是连接到网络以提供附加功能的非传统计算设备。

物联网的本质，是从端到云的数据交互及计算过程，根据这个特点，可以将物联网划分为三个层次：云层、网络层和设备层（还包括 App）。其中，云层包括云端提供的服务，例如，物联网平台、日志等；网络层代表云和设备、设备与设备之间的传输过程；设备层包括了物联网设备、网关设备及其上的系统和 App，物联网架构的三个层次如图 2-58 所示。人们普遍误认为物联网仅指硬件，实际上物联网不等于硬件，硬件仅占物联网生态系统的 1/3。最重要的是，如果其他组件（例如云端）被破坏，不仅会入侵设备，还会造成更大的损失。

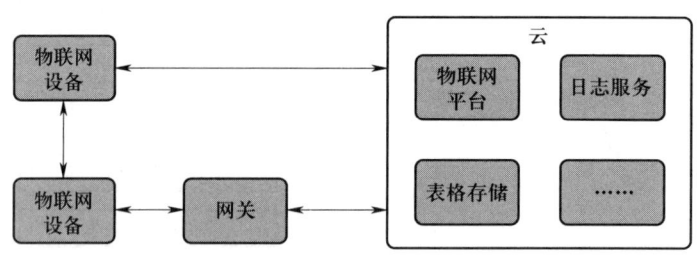

图 2-58 物联网架构的三个层次

以上三个层次都有攻击价值，也都有可能被攻击。在物联网架构中，常见的安全威胁有以下几种。

1. 身份伪装攻击

通过获取的认证信息，将恶意的设备、服务伪装成合法设备和服务。攻击场景举例如下：

（1）S1场景。云平台为物联网设备提供方便的上云方式。对于设备认证，云平台一般会提供设备证书等认证方案。开发者从云端服务获取设备认证信息，并将其烧写到设备上。当设备连接云端时，云端会根据设备认证信息对设备进行认证。在这种场景下，如果能够通过漏洞或物理接触窃取到设备认证信息，黑客就能够将其他设备伪装成用户的设备，从而向云平台发送伪造数据。

（2）D1场景。通过DNS欺骗，黑客可以直接伪装云端服务。如果设备端应用未进行双向验证，黑客可以伪装云端服务与设备进行数据交互、操纵设备；在设备间通信时，如果设备上开启了被动连接服务，黑客可以利用窃取的认证信息伪造合法设备与目标设备交互。

2. 拒绝服务攻击

拒绝服务（denial of service，DoS）攻击和分布式拒绝服务（distributed denial of service，DDoS）攻击是通过攻击让目标机器停止提供服务，是黑客常用的攻击手段之一，在物联网中，拒绝服务和分布式拒绝服务常被用作对云端进行攻击。其实对云端网络带宽进行的消耗性攻击只是拒绝服务攻击的一小部分，只要能够对目标造成麻烦，使云端某些服务被暂停甚至主机死机，都属于拒绝服务攻击。拒绝服务攻击和分布式拒绝服务攻击问题也一直得不到合理的解决，究其原因是网络协议本身的安全缺陷，从而拒绝服务攻击和分布式拒绝服务攻击也成为攻击者的终极手法。

3. 数据篡改攻击

攻击者在非法读取数据后，篡改数据，让通信用户无法获得真实信息。攻击场景举例如下：

（1）N2场景。对于设备之间、设备端与云端之间的不安全通信，黑客可以发起中间人攻击，截获数据包并提取隐私数据，或者对数据包中的数据进行篡改和继续转发。

（2）D2场景。与服务器不同的是，物联网设备常常会处于"暴露"的状态。这意味着在设备端，黑客不仅能够利用应用和内核中的漏洞对设备上的系统、应用和文件进行篡改，还能通过物理接触的方式篡改设备上的内容。物联网产品从出厂后到投入使用的整个生命周期中，会接触到许多不同的角色，任何一个环节都可能出现威胁。

4. 信息窃取攻击

攻击者侦听网络数据流,获取通信数据,造成通信信息外泄,甚至危及敏感数据的安全,攻击场景举例如下:

(1) N3 场景。对于设备之间、设备端与云端之间的不安全通信,黑客可以截获数据包以窃取隐私信息。

(2) D3 场景。设备上不仅会保存隐私数据,还会保存应用的可执行文件。通过漏洞或物理接触,黑客可以直接获取用户隐私(如摄像头数据、密钥等),还能获得应用的二进制文件以进行逆向分析。

5. 越权攻击

越权指的是访问或执行超出当前账户权限的操作,如本来有些操作只能是管理员执行的,但是由于限制做得不严谨,导致关键操作也能被管理员以外的人执行,导致不可预测的风险。

在 D4 场景中,当黑客利用漏洞攻破设备上的某个应用时,可能会迫使应用进行默认权限之上的行为,例如,关闭系统、访问其他应用的数据、大量占用系统资源等。

结合安全威胁类型和物联网系统架构,总结出的威胁模型见表 2-1。

表 2-1　　　　　　　　　　物联网威胁模型

层次	序号	威胁类型	描述	和设备端 OS 相关
云	S1	身份伪装	通过窃取的认证信息伪装合法设备与云端服务交互	是
	S2	拒绝服务	通过攻击使云端服务瘫痪	否
	S3	篡改	利用漏洞在云端篡改数据、注入恶意代码	否
	S4	信息窃取	利用漏洞窃取云端隐私信息	否
网络	N1	拒绝服务	通过制造拥堵、干扰网络阻碍网络通信	否
	N2	篡改	截获数据包并篡改数据	是
	N3	信息窃取	截获数据包以窃取隐私信息	是
设备	D1	身份伪装	通过 DNS 欺骗、窃取的认证信息伪装云端服务或合法设备与设备交互	是
	D2	篡改	通过漏洞或物理接触篡改设备上的系统、应用和数据	是
	D3	信息窃取	通过漏洞或物理接触窃取设备上的数据和代码	是
	D4	越权	通过漏洞迫使应用进行默认权限之上的行为	是

实际上除了上面常见的攻击外，还有物理破坏、数据阻断攻击、数据伪造攻击、数据重放攻击、盗用口令攻击、中间人攻击、缓冲区溢出攻击、分发攻击、野蛮攻击、SQL 注入攻击、蠕虫等种种手段，无法一一列举。

（三）物联网安全防护框架

从信息交互的角度看，未来的物联网将实现个人从任何时间、任何地点的互联，到物物之间从任何时间、任何地点互联的扩展，进而将大量暴露在公共场所中的信息传输到网络层和应用层。这种暴露在公共场所中的信息如果缺乏有效的保护措施，很容易被非法监听、窃取、干扰。尤其是在物联网发展的阶段，物联网场景中的实体均具备一定的感知、计算和执行能力，广泛存在的这些感知设备如果被非法破坏或者被操控，将会对国家基础设施、社会和个人信息安全造成新的威胁，需要对这些信息进行安全保护。物联网安全防护框架如下。

1. 传感设备安全需求

传感设备的主要任务是完成对信号的收集、识别与管理，包括传感终端与监控装置。因为传感终端普遍位于无人监视且恶劣的自然环境中，安全隐患相对突出，主要防范的安全需求有：

（1）可能面临自然环境、偷盗、私自移动位置、人为损伤等威胁，最终导致感应终端无法工作。

（2）攻击者可利用鉴别机制的弱点，恶意部署同型号或克隆一台相似设备接入系统实施攻击。

（3）攻击者可利用无线电干涉、拒绝服务、入侵或影响感控装置对所处网络的路由进行攻击，使得装置无法顺利地传输感知数据和接收命令。

（4）攻击者利用物理获取或逻辑攻击的方式，对感控设备进行非授权访问和恶意控制，分析其所存储的敏感信息造成信息泄露。

2. 物联网终端入侵防范需求

针对互联网上充斥的各种威胁，入侵探测功能可以监控网络和系统资源，找出违反安全策略的行为及威胁迹象并发出报警。作为网络边界安全的基础设施，再加上物联网网络环境日趋重要和复杂的特点，物联网入侵防范需具备以下能力：

（1）高性能：采用在线部署模式，面对不断扩充的网络流量，如何能在大部分策略均开启防护的前提下依然保证应用层面的吞吐能力及延时限制是入侵防御的关键。

（2）准确性：黑客攻击层层深入，物联网入侵探测功能能够深入网络检查，准确发现攻击，避免黑客攻击躲过检测，同时应具有精确的检测规则，以及趋于零的误报率、漏报率，保证检测的有效性。

（3）可靠性：串联在客户网络环境中，面对突发的流量增大、设备断电、日志存储溢出、端口故障等问题，如何自动产生应急解决方案，保障客户网络不受影响，这是入侵防范的基础。

（4）实用性：除黑客的漏洞入侵攻击外，病毒木马传播、拒绝服务攻击以及内部的恶意网站访问风险、网络资源滥用占用带宽等问题，是客户网络安全的常见问题，通过扩展进行多方面立体防护是入侵防范的责任。

3. 物联网传输网络安全

相较传统网络而言，物联网终端面临着更高的被篡改和仿冒的安全威胁，从终端对业务平台发起的分布式拒绝服务攻击会变得更加容易，各种不可控因素导致物联网终端的状态、回传数据无法得到信任。物联网上连接着多类型、大数量的物联网传感终端，由于物联网终端设备的强分散性、弱组织化造成了对终端用户及数据的可信风险，因此，根据物联网终端用户独有的技术特点和业务应用需求，需要对物联网终端业务数据构建完备的传输安全性保护制度。例如，使用物联网安全网关实现以下功能：

（1）需通过建立物联网虚拟专网，为终端至系统的统一管理平台提供全程加密的通信链路，确保终端至管理平台整个通信链路的安全性。

（2）需实现终端准入后的行为控制，防止仿冒终端、异常终端等设备接入系统的统一管理平台后对业务平台进行攻击。

（3）可对各终端设备的通信协议制定黑白名单业务规则，对资产、通信协议、应用业务进行识别和控制。

4. 物联网App安全管理

物联网App是物联网生态中重要的一个组成部分，各类应用都需要相应的App作为载体，不同行业面向不同场景、灵活便捷的物联网App服务将成为新的趋势。大量的行业 App 在投放市场使用后出现了各方面的安全风险，包括敏感消息泄露、身份验证绕过、代码破解、支付安全、资金被盗等各种安全问题，这些安全漏洞的隐患给不法分子带来了可乘之机。

物联网 App 需要在应用上线之前预先调研移动应用面临的各种安全性问题，并通过加壳等技术手段实现移动应用安全性增强；当应用上线后，可对应用持续监控，消除安全隐患，从而减少安全风险；应用分发平台应该对应用加强审核，防止一些 App 恶意窃取用户信息，影响操作系统和物联网 App 的安全。

5. 平台业务融合安全需求

平台应定位于物联网设备管理、连接、分析，以及安全保护方面的综合管理平台，实现对各种物联网设备的连接、管理、数据加解密、信息保存、统计分析、实时计算、开放 API 接口、简化管理和规范设备连接等过程，为应用层业务开发提供数据基础和网络保障，为设备的安全性提供保证，也为设备统一管理提供简单的入口。

平台因承载各类数据，尤其是隐私数据，如何实现数据的脱敏、加密，以及分类分级的安全防护是保证物联网数据安全的关键。

6. 物联网安全管理中心

对于物联网广泛连接的特点，需对物联网安全网关统一实现管理，并统一展现对所有物联网终端的资产态势、运行状态、威胁态势、安全状态，以地图的方式呈现，对物联网终端和物联网网络进行多维度的行为分析呈现，全面主动感知物联网的安全态势。

（四）物联网安全防护策略

针对物联网系统中的安全威胁，防范安全风险，防护策略如下。

1. 加快技术更新

针对物联网环境中的安全问题，应加快物联网技术更新，积极探索物联网安全技术，构建安全的物联网系统。为此，可以从物联网三个层面的体系结构入手，加强对物联网系统的技术保护。具体来讲，感知层作为物联网系统的信息源头，技术人员必须加强对感知层信息的保护，采用加密技术，避免不法分子对感知层信息的盗取，保证感知层信息安全地传输到物联网数据库；网络层主要负责数据的网络传输，因此，在这一过程中,技术人员可以采用杀毒软件、设置防火墙等技术增强网络环境的安全性,确保数据在网络环境中的安全传输;应用层主要负责为用户提供网络服务,因此,应用层主要针对用户进行安全保护,技术人员必须对假ID进行检查和控制,避免不法分子利用假ID盗取物联网系统中的信息。

2. 加强管理

物联网系统虽然处于虚拟的世界中,但是仍需要一定的管理体制和运行规范。因此,除自身应加强对物联网的系统的管理工作外,企业和高校也应加强对物联网系统的管控以及防护技术的研究力度,政府及管理部门应从更高层面采取以下措施:

(1)政府应积极建立物联网管理体制,制定物联网管理制度,构建完善的物联网管理体系,增强物联网管理的规范性和系统性;

(2)管理部门应积极明确物联网系统信息安全级别,对物联网系统中的关键信息进行重点保护,确保物联网系统中关键信息的安全性;

(3)管理部门应加强对物联网系统运行的实时监控和分析,及时发现物联网系统中的安全隐患和安全问题,并制定相关的安全管理措施,确保物联网系统的安全性。

3. 完善法律法规

物联网系统的安全管理离不开法律的保障,现阶段我国现有的互联网法律体系还不够完善,存在一定的法律漏洞,很多不法分子利用法律漏洞进行网络信息盗取或网络破坏,严重影响网络的安全性。针对这种情况,应积极完善互联网法律体系,加强对互联网各个方面的法律规定,消除法律漏洞,增强互联网法律保护的安全性。另外,应对现有的物联网相关法律进行修订和补充,为物联网发展提供法律保障。

4. 规范个人行为

物联网信息安全要求人们严格遵循物联网相关法律规定和物联网道德规范,避免网络失范行为。为此,应加强物联网法律教育和网络道德教育,提高人们的网络法律意识和网络道德意识,培养较高的网络素养。并且,公民应充分认识到自身在网络发展中的责任和义务,做到遵纪守法,自觉保护物联网信息安全。另外,人们应不断提高安全意识,自觉做好网络保护工作,定期使用杀毒软件对智能设备进行杀毒,并对智能设备进行安全监测,及时消除智能设备中的不安全因素。

思考题

1. 运算器的主要功能有哪些？
2. 单片机芯片包含哪些主要部件？
3. 应用软件有哪些类型？
4. CC2530 芯片有多少中断源？
5. 根据操作系统的演变史，其发展可以分为几个阶段？分别是什么？
6. 操作系统从工作方式角度可以分为几类？分别是什么？
7. 操作系统内核的基本功能有哪些？
8. 嵌入式操作系统的特点是什么？
9. 网络速率指标的 b/s 和 B/s 有什么区别？两者之间如何换算？
10. OSI 七层模型分别是什么？
11. TCP/IP 四层模型分别是什么？
12. 云计算的部署模型分为哪几类？
13. 云服务的 SaaS、PaaS 和 IaaS 分别是什么服务？
14. 描述大数据特性的 4 个 V 是什么？
15. 简述云计算、大数据和人工智能三者的关系。
16. 软件生命周期模型是什么？
17. 软件的螺旋模型的优点是什么？
18. 结构程序设计技术的好处有哪些？
19. 编程规范的目的是什么？
20. 信息安全的含义是什么？
21. 信息安全的属性是什么？
22. 物联网安全形态的三个要素是什么？

第三章
技术基础知识

物联网是在因特网基础上延伸和扩展的网络,是将各种信息传感设备与网络结合起来形成的一个巨大网络,实现任何时间、任何地点,人、机、物的互联互通。物联网技术是计算机网络技术与电信传输网技术,计算机技术内部与各个行业、各种技术之间更深层次的交叉融合。物联网得以快速发展和创新的关键手段在于复杂且多样的物联网技术的出现,物联网技术的发展又会给计算机网络与信息安全技术提出更多富有挑战性的研究课题,创造更加广阔的发展空间,为形成更多的原始创新提供了推动力。

本章共五节,分别阐述了射频识别和编码标识、位置与时间、物联网技术及体系结构、物联网协议和标准、物联网工程实施与运维。

第一节阐述了射频识别和编码标识;第二节阐述了位置与时间知识,对常用的几种定位技术和几种不同的时间标准进行讲解;第三节阐述了物联网技术及体系结构,对物联网四层体系结构知识进行了较为详细的讲解;第四节阐述了物联网标准和协议,对常用的物联网通信协议进行了讲解;第五节阐述了物联网工程实施与运维的知识。

第一节 射频识别和编码标识

本节前半部分对射频识别知识进行讲解，包括 RFID 和 NFC；后半部分对编码标识的知识进行讲解，包括编码标识概述和条码知识等。

考核知识点及能力要求：

- 掌握 RFID 的系统组成和特点。
- 了解 NFC 的工作模式，以及 NFC 和 RFID 的异同点。
- 了解编码标识知识。
- 了解一维条码和二维条码的基本知识。

一、射频识别

自动识别技术是为各领域的用户提供自动识别与数据采集技术为主的信息化产品与服务的现代高新技术。作为信息技术的一个重要分支，自动识别技术已成为推动国民经济信息化发展的重要手段之一，其产业的发展对我国国民经济的发展和信息化建设起到了重要的作用。党的十六大报告明确指出，以信息化带动工业化，优先发展信息产业，在经济和社会领域广泛应用信息技术。国家"十一五"规划中 RFID 产业发展专项、"863 计划"中 RFID 专项的确立，都充分表明在经济全球化和我国加入 WTO 后的今天，自动识别技术产业的发展及技术应用的推广正在我国的经济建设中发挥着举足轻重的作用。

RFID 是自动识别技术的一种。RFID 是通过无线射频方式进行非接触双向数据通信,不接触快速信息交换和存储的技术,结合数据访问技术连接数据库系统,加以实现非接触式的双向通信,从而达到识别的目的。RFID 被认为是 21 世纪最具发展潜力的信息技术之一。

（一）RFID 概述

RFID 技术的基本工作原理并不复杂：标签进入读写器后,接收读写器发出的射频信号,凭借感应电流获得能量发送存储在芯片中的产品信息,或者由标签主动发送某一频率的信号,读写器读取信息并解码后,送至中央信息系统进行相关数据处理。RFID 的基本模型如图 3-1 所示。

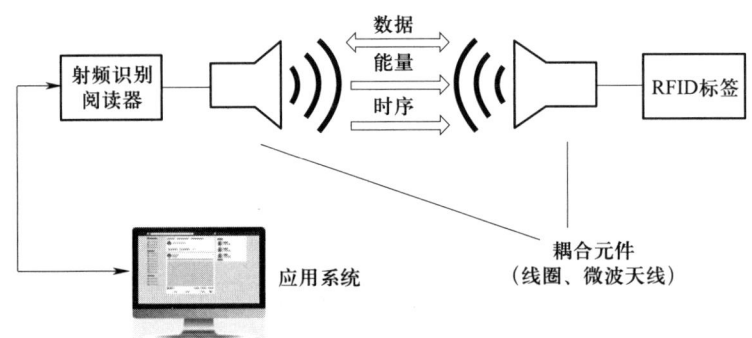

图 3-1 RFID 的基本模型

以 RFID 卡片读写器及电子标签之间的通信及能量感应方式来看,RFID 的耦合类型可以分成感应耦合及后向散射耦合两种。一般低频的 RFID 多采用感应耦合方式,而较高频的 RFID 多采用后向散射耦合方式。

1. RFID 的工作原理

完整的 RFID 系统由读写器（reader）、电子标签（tag）和数据管理系统三部分组成,如图 3-2 所示。

（1）读写器。读写器即射频标签读写设备,是 RFID 系统的两个重要组成部分之一。读写器是将标签中的信息读出,或将标签所需要存储的信息写入标签的装置,是 RFID 系统信息控制和处理中心。根据使用的结构和技术

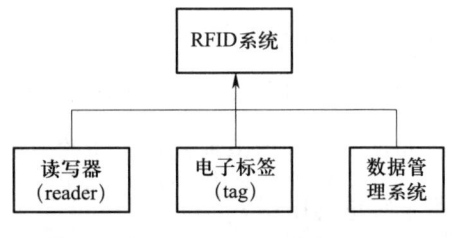

图 3-2 RFID 系统组成

不同，读写器可以是读装置，也可以是读/写装置。

在RFID系统工作时，读写器在一个区域内发送射频能量形成电磁场，区域的大小取决于发射功率。在读写器覆盖区域内的标签被触发，发送存储在其中的数据，或根据读写器的指令修改存储在其中的数据，并通过接口与计算机网络进行通信。

读写器通常由收发天线、频率产生器、锁相环、调制电路、微处理器、存储器、解调电路和外设接口组成。手持读写器如图3-3所示。

（2）电子标签。电子标签又称射频标签、应答器或数据载体，是RFID技术的信息载体。电子标签由收发天线、AC/DC电路、解调电路、逻辑控制电路、存储器和调制电路组成，如图3-4所示。

图3-3 手持读写器

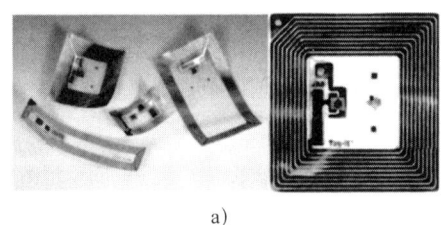
a)

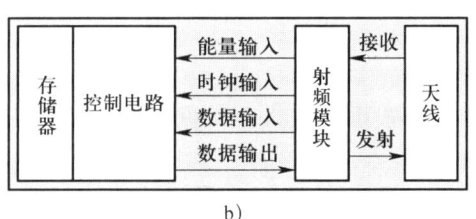
b)

图3-4 电子标签

a）RFID电子标签结构实物　b）RFID电路结构

（3）数据管理系统。数据库管理系统是一种操纵和管理数据库的大型软件，用于建立、使用和维护数据库。数据管理系统是用户用以对计算机的数据库进行控制、更新、扩充、传送等操作的软件系统。

2. RFID分类

（1）按供电方式可分为有源、无源和半有源。

（2）按载波频率可分为低频、高频、超高频和微波。低频（LF）频率主要有125 kHz和134.2 kHz两种；高频（HF）频率为13.56 MHz；超高频（UF）频率主要为433 MHz、860～960 MHz；微波（microwave）频率主要为2.45 GHz或5.8 GHz。

（3）按调制方式可分为主动式和被动式。

（4）按作用距离可分为密耦合、近耦合、疏耦合和远距离。

（5）按芯片类型可分为只读卡、读写卡和 CPU 卡。

（6）按协议可分为 ISO14443A、ISO14443B 和 ISO15693 等。

3. RFID 技术的优势

RFID 是一项易于操控，简单实用且特别适合用于自动化控制的灵活性应用技术。应用 RFID 技术的 RFID 产品具有以下优势。

（1）读取方便快捷。数据的读取无须光源，甚至可以穿透过外包装来识别。有效识别距离远，采用自带电池的主动标签时，有源 RFID 的有效识别距离可达 30 m 以上，如图 3-5 所示。

（2）识别速度快。标签一旦进入磁场，解读器就可以即时读取其中的信息。而且一台解读器能够同时处理多个标签，实现批量识别。

（3）数据容量大。数据容量最大的二维条形码（PDF417）最多也只能存储 2 725 个

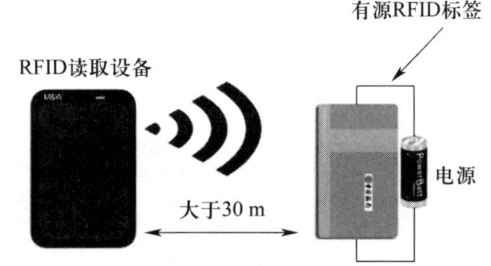

图 3-5 有源 RFID 标签识读示意图

数字，若包含字母存储量则会更少。RFID 标签则可以根据用户的需要扩充到数 10k 字节的数据容量。

（4）使用寿命长，应用范围广。RFID 的无线电通信方式，使其可以应用于粉尘、油污等高污染环境和放射性环境，而且其封闭式包装使其使用寿命远超印刷的条形码。

（5）标签数据可动态更改。利用编程器可以向标签写入数据，从而赋予 RFID 标签交互式便携数据文件的功能，而且写入时间相比打印条形码更短。

（6）更好的安全性。RFID 标签不仅可以嵌入或附着在不同形状、不同类型的产品上，而且可以为标签数据的读写设置密码，从而具有更高的安全性。

（7）动态实时通信。RFID 标签以与每秒 50～100 次的频率与解读器进行通信，所以只要 RFID 标签所附着的物体出现在解读器的有效识别范围内，解读器就可以对其位置进行动态地追踪和监控。

4. 应用领域

（1）物流。物流仓储是RFID最具潜力的应用领域之一。国际国内物流巨头都在积极实验和部署RFID技术，以期大幅提升其物流能力。RFID在物流领域可应用的环节有物流过程中的货物追踪、信息自动采集、仓储管理应用、港口应用、邮政包裹、快递等。

（2）交通。RFID应用于出租车管理、公交车枢纽管理、铁路机车识别等，已有不少较为成功的案例。

（3）身份识别。RFID技术由于具有快速读取与难伪造性，因此，被广泛应用于个人的身份证件识别中。

（4）防伪。RFID具有很难伪造的特性，但是如何应用还需要政府和企业的积极推广，目前可以应用的领域包括贵重物品（烟、酒、药品）的防伪和票证的防伪等。

（5）资产管理。RFID可以应用于各类资产的管理，包括贵重物品、数量大又相似性高的物品或危险品等。随着标签价格的降低，RFID几乎可以管理所有的物品。

（6）食品。RFID可应用于水果、蔬菜、生鲜等食品的管理。RFID在食品领域的应用需要在标签的设计及应用模式上加以创新。

（7）信息统计。运用了RFID技术后，信息统计就变成了一件既简单又快速的工作。由档案信息化管理平台的查询软件传出统计清查信号，读写器迅速读取馆藏档案的数据信息和相关储位信息，并智能返回所获取的信息与中心信息库内的信息进行校对。针对无法匹配的档案，由管理者用读写器展开现场核实，调整系统信息和现场信息，进而完成信息统计工作。

（二）NFC

近场通信（near field communication，NFC）是一种新兴的技术，在13.56 MHz频率运行，作用距离小于10 cm。NFC是由非接触式RFID及互联互通技术整合演变而来，在单一芯片上结合感应式读卡器、感应式卡片和点对点的功能，能在短距离内与兼容设备进行识别和数据交换。

NFC 标准兼容了 FeliCaTM 标准，以及 ISO 14443 A/B，在业界被简称为 TypeA、TypeB 和 TypeF。NFC 的主要标准有：国际标准 ISO/IEC IS 18092、标准 EMCA-340 与 ETSI TS 102、190。

NFC 芯片具有相互通信功能，并具有计算能力，在 Felica 标准中还含有加密逻辑电路，Mifare 的后期标准也追加了加密/解密模块。

NFC、红外线、蓝牙同为非接触传输方式，它们具有各自不同的技术特征，可以用于各种不同的目的，其技术本身没有优劣差别。

手机内置的 NFC 芯片，比原来仅作为标签使用的 RFID 增加了数据双向传送的功能，这一进步使得 NFC 更加适合用于电子货币支付，特别是 RFID 所不能实现的相互认证、动态加密和一次性密码（one time password，OTP）。NFC 的应用主要有以下四类：用于付款和购票、用于电子票证、用于智能媒体、用于交换/传输数据。由于 NFC 具有足够高的安全性，现在广泛使用的二代身份证、交通一卡通和银行卡都带有 NFC 功能，支持 NFC 功能的交通一卡通如图 3-6 所示。

图 3-6 支持 NFC 功能的交通一卡通

1. NFC 工作模式

NFC 工作模式有卡模式、读卡器模式和点对点模式。

（1）卡模式。卡模式其实就相当于一张采用 RFID 技术的 IC 卡。可以替代 IC 卡（包括信用卡）场合商场刷卡、公交卡、门禁管制、车票、门票等，用户只要将手机靠近读卡器，并输入密码确认交易或者直接接收交易即可完成交易。卡模式有一个极大的优点，那就是卡片由非接触读卡器的 RF 来供电，即便是寄主设备（如手机）没电也可以工作，在该应用模式中，NFC 识读设备从 NFC 手机中采集数据，然后将数据传送到应用处理系统进行处理。

（2）读卡器模式。读卡器模式作为非接触读卡器使用。在该模式中，具备读写功能的 NFC 手机可采集数据然后根据应用的要求进行处理，有些应用可以直接在本地完成，有些应用则需要通过与网络交互才能完成。基于该模型的典型的应用包括电子广告读取和车票、电影院门票售卖等。比如，如果在电影海报或展览信息背后贴有电子标签，用户可以利用支持 NFC 协议的手机获得相关详细信息或是立即联机购票。读卡器模式还能够用于简单的数据获取应用，比如公交车站的站点信息、公园地图等信息的获取等。

（3）点对点模式。点对点模式和红外线差不多，可用于数据交换。将两个具备 NFC 功能的设备链接，就能实现数据点对点传输，如下载音乐、交换图片或者同步设备地址簿。因此通过 NFC，多个设备如数码相机、平板电脑、计算机和手机之间都可以交换资料或者服务。

2. NFC 与 RFID 卡的区别

（1）系统结构不同。NFC 将非接触读卡器、非接触卡和点对点功能整合进一块单芯片，而 RFID 必须由阅读器和标签组成。RFID 只能实现信息的读取以及判定，而 NFC 强调的是信息交互，通俗地说 NFC 就是 RFID 的演进版本。

（2）传输范围不同。NFC 的传输范围比 RFID 小，RFID 的传输范围可以达到几米，甚至几十米，而由于 NFC 采取了独特的信号衰减技术，因此，相对于 RFID 来说 NFC 的传输距离近。

（3）应用方向不同。NFC 主要用于消费类电子设备相互通信，有源 RFID 则更擅长长距离识别。

二、编码标识

自 2009 年以来，物联网经历了由热炒回归理性的历程，而今，物联网产业及应用正步入健康发展的轨道。以大数据、智慧城市、移动互联网和云计算为代表的新一代信息技术，正对我国经济社会发展产生深刻、长远的影响。无论是"大智移云"，还是物联网，都离不开编码与标识，编码标识是信息化的基石。

物品的编码标识在经济、信息全球化的环境下，越来越被世界各国重视。对物品进行有效的、标准化的编码及标识是信息化的基础工作。物品编码标识问题一直是社会各界关注的焦点。现有的有关物品编码标准种类繁多，但是由于应用的领域、行业各不相同，因此编码方案之间存在很大的差异，尤其是在现代信息化飞速发展的背景下，编码之间的兼容问题进一步凸显出来，而标识标准的数量严重不足，无法起到完整的规范作用。

（一）编码标识概述

目前，国际上针对统计、贸易等方面的需求已有相应的物品编码标准，主要是《产品总分类》《商品名称及编码协调制度》《国际贸易标准分类》《全球统一标识系统》等。

1. 产品总分类

产品总分类（clinical pathological conference，CPC）由联合国统计署制定，联合国统计司分类部为该分类的管理者。产品总分类提供包括经济活动及货物和服务（产品）两方面的分类，为有关货物、服务和资产的统计资料的国际比较提供了一个框架，是国际统计、国际经济对比的基本工具之一。

2. 商品名称及编码协调制度

商品名称及编码协调制度（the harmonized commodity description and coding system，HS）由海关合作理事会（又名世界海关组织）主持制定。商品名称及编码协调制度是一种主要供海关统计、进出口管理及国际贸易使用的商品分类编码体系。从1992年1月1日起，我国进出口税采用世界海关组织商品名称及编码协调制度。

3. 国际贸易标准分类

国际贸易标准分类（standard international trade classification，SITC）是由联合国统计司管理，采用经济分类标准，即按原料、半制品、制成品分类并反映商品的产业部门来源和加工程度。国际贸易标准分类是用于国际贸易商品的统计和对比的标准分类方法。

4. 全球统一标识系统

全球统一标识系统（global system，GS1）是以对贸易项目、物流单元、位置、资产、服务关系等进行编码为核心的，集条码、射频等自动数据采集、电子数据交换、全球产品分类、全球数据同步、产品电子代码（electronic product code，EPC）等系统为一体的、服务于全球物流供应链的，开放的标准体系。

结合我国的发展和需求，国内也制定了各类编码标准，国家层面的编码标准大多属于分类编码标准，其所占比例大于所有国家物品编码数量的70%。分类编码更多考虑物品的自然属性，即物品本身是什么便被赋予一个编码来表示物品的种类。我国典型的分类编码标准有GB/T 7635.1—2002《全国主要产品分类与代码 第1部分：可运输产品》。

国家物品编码标准中的属性编码不多，属性编码考虑物品的某一特定属性，依据这一属性来编码。如标准GB/T 18127—2009《商品条码 物流单元编码与条码表示》为属性编码标准，其编码由应用标识符及托运代码组成，此编码适用于物流运输，但未必适用于流通中更多的信息需求。

在自动识别技术应用领域，现有与标识相关的标准在各领域、各行业的信息化建设中发挥着十分重要的作用。自动识别技术主要包括条码识别技术、射频识别技术、生物特征识别技术、卡识别技术、光学字符识别技术、传感识别技术等。但现有的标准只局限于条码标识技术方面，其他自动识别技术方面的标准还比较少。

相比编码标准来说，标识标准比较缺乏，关于物品标示方面的标准相对多一些，但识别方面的条码标准较少，关于射频识别、特征识别、传感识别等方面的标准更少，亟须制定。物品标识是物品编码的表象，是物品被解码读取的基础。物品标识标准的缺失严重影响了物品编码标准应发挥的作用，同时阻碍了物品信息被成功读取的路径。

（二）条码知识

作为自动识别技术之一的条码技术，从20世纪的40年代开始被研究开发，70年代逐渐形成规模，近40年来取得了长足的发展。条码识别技术具有信息采集可靠性高、成本低廉等特点，可以实现信息快速、准确地获取与传递。

条码识别可以把供应链中的制造商、批发商、分销商、零售商以及最终客户整合为一个整体，为实现全球贸易及电子商务提供一个通用的语言环境。金融、海关、社保、医保等部门，可以利用条码技术对顾客的账户和资金往来进行实时地信息化管理，并伴随着电子货币的广泛应用逐步实现资金流电子化。同时，条码技术的应用发展不仅使商品交易的信息传输电子化，也将使商品储运配送的管理电子化，从而为建立更大规模快捷的物流储运中心和配送网络奠定技术基础，最终及时准确地完成电子商务的全过程。"十五"规划纲要中明确指出："加强条码和代码等信息标准化基础工作。"多年来，条码技术广泛成功地应用于我国的零售业、进出口贸易、电子商务，为国民经济的增长发挥了重要作用，并取得了显著的经济效益。

手机识读条码的开发和应用成为条码识别技术应用的一个亮点，目前在我国，手机识读条码识别技术已开始大规模应用。随着该技术的进一步成熟，手机识读条码已在电子商务、物流、商品流通、身份认证、防伪、市场促销等方面得到广泛的应用。

从条码应用的发展趋势来看，各国特别是发达国家把条码识别技术的发展重点放在生产自动化、交通运输现代化、金融贸易国际化、医疗卫生高效化、票证金卡普及化、安全防盗防伪保密化等领域，我国也正在跟进，不断缩短与发达国家的差距，部分领域已处于世界领先地位。

条形码分为一维条码和二维条码两类，习惯上将一维条码简称为条码。

1. 一维条码

一维条码所代表的信息是由一组规则排列的条、空按一定的规则来代表相应的字符所组成的。"条"指对光线反射率较低的部分，"空"指对光线反射率较高的部分，这些条和空组成的数据表达一定的信息，并能够用特定的设备识读，转换成与计算机兼容的二进制和十进制信息。

一维条码信息量大小的表示方法：条码信息靠条和空的不同宽度和位置来传递，信息量的大小是由条码的宽度和印制的精度来决定的，条码越宽，包含的条和空越多，信息量越大；条码印制的精度越高，单位长度内可以容纳的条和空越多，传递的信息量也就越大。

通常对于每一种物品，它的编码是唯一的。对于普通的一维条码来说，还要通过数据库建立条码与商品信息的对应关系，当条码的数据传送到计算机上时，由计算机上的应用程序对数据进行操作和处理。因此，普通的一维条码在使用过程中仅作为识别信息，它的意义是通过在计算机系统的数据库中提取相应的信息而实现的。

码制即指条码条和空的排列规则，常用的一维条码的码制包括 EAN 码、39 码、交叉 25 码、UPC 码、128 码、93 码以及 Codabar（库德巴码）等。不同的码制有它们各自的应用范围。

（1）EAN 码。EAN 码是国际通用的符号体系，是一种长度固定、无含义的条码，所表达的信息全部为数字，主要应用于商品标识。

EAN 码分为两种类型：一种是标准版，另一种是缩短版。标准版表示 13 位数字，又称 EAN-13 码；缩短版表示 8 位数字，又称为 EAN-8。两种码的最后一位为校验位，由前面的 12 位或 7 位数字计算得出，如图 3-7 所示。

图 3-7　EAN 码示例

a）EAN-13 码　b）EAN-8 码

EAN-13 商品条码由左侧空白区、起始符、左侧数据符、中间分隔符、右侧数据符、校验符、终止符、右侧空白区及供识别字符组成，如图 3-8 所示。

图 3-8　EAN-13 码示例

（2）Code128 码和 Code39 码。这两种条码是目前国内企业内部自定义码制，可以根据需要确定条码的长度和信息，它编码的信息可以是数字，也可以包含字母，主要应用于工业生产线领域、图书管理等，如图 3-9 所示。

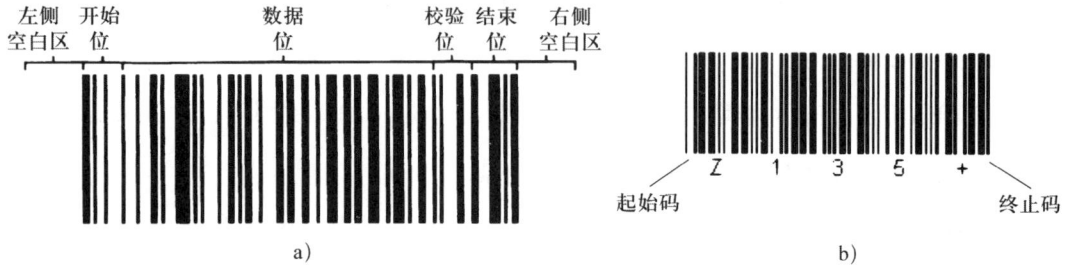

图 3-9　Code128 码和 Code39 码示例
a）Code128 码　b）Code39 码

（3）Code93 码。Code93 码是一种类似于 Code39 码的条码，它的密度较高，能够替代 Code39 码，如图 3-10 所示。

图 3-10　Code93 码示例

（4）交叉 25 码。交叉 25 码又称 Code25 码或 ITF 条码，如图 3-11 所示。主要用于运输包装，是印刷条件较差、不允许印刷 EAN-13 和 UPC-A 条码时选用的一种条码。交叉 25 码是有别于 EAN、UPC 条码的另一种形式的条码。在商品运输包装上使用的主要是 14 位数字字符代表组成的 ITF-14 条码。

图 3-11　交叉 25 码示例

2. 二维条码

随着技术的发展，一种能够在更小面积上表示更多信息的新条码技术产生了，这就是二维条形码，简称二维码或二维条码。二维条码是用某种特定的几何图形按一定规律在平面（二维方向上）分布的、黑白相间的、记录数据符号信息的图形。由于二维条码在平面的横向和纵向上都能表示信息，所以与一维条码比较，二维条码所携带的信息量和信息密度都提高了几倍，可表示图像、文字甚至声音。二维条码的出现，使条码技术从简单地标识某一类物品转化为描述某一个具体的物品，它的功能产生了质的变化。二维条码还新增了一维条码没有的"定位点"和"容错机制"：定位点可以实现任意方向扫描二维条码，而容错机制在即使没有辨识到全部的条码或当条码有污损时，也可以正确地还原条码上的信息。

二维条码也带来了新的安全性问题，一些犯罪分子利用二维条码传播手机病毒和不良信息，甚至是进行诈骗等犯罪活动，严重威胁消费者的信息和财产安全。因此发展与防范二维条码的滥用，确保二维条码信息安全正成为一个亟待解决的问题。

二维条码根据不同的编码方式可以分为堆叠式和矩阵式两种。

（1）堆叠式二维条码。堆叠式又称为行排式、堆积式或层排式，其编码原理是在一维条码基础之上堆积成两行或多行，在编码设计、校验原理、识读方式等方面继承了一维条码的一些特点，识读设备与条码印刷方式与一维条码技术兼容。PDF417 和 MicroPDF417 是最常用的堆叠式二维条码，如图 3-12 所示。

a) b)

图 3-12　堆叠式二维条码示例

a）PDF417　b）MicroPDF417

（2）矩阵式二维条码。矩阵式二维条码又称棋盘式二维条码，是在一个矩形空间通过黑、白像素在矩阵中的不同分布进行编码，在矩阵相应元素位置上，用点（方点、圆点或别的形状，甚至可以用别的颜色）的出现表示二进制"1"，点不出现表示二进制的"0",点的排列组合确定了矩阵式二维条码所代表的意义。矩阵式二维条码是建立在计算机图像处理技术和组合编码原理技术的基础上,是一种新型图形符号自动识读处理码制。最常用的矩阵式二维条码有 QR Code、Data Matrix、MaxiCode 和汉信码等,如图 3-13 所示。

　　a)　　　　　　　　b)　　　　　　　　c)　　　　　　　　d)

图 3-13　常用矩阵式二维条码示例
a) QR Code　b) Data Matrix　c) MaxiCode　d) 汉信码

汉信码（Han Xin Code 或 Chinese Sensible）是矩阵式二维条码的一种,是我国拥有自主知识产权的二维条码,拥有超强的汉字表示能力,具有汉字编码效率高、信息密度高、信息容量大、支持加密技术、抗污损和畸变能力强等特点。我国部分省市的增值税发票使用汉信码作为防伪信息的数据载体,有效监控税源,杜绝了虚开重开增值税发票问题。汉信码还广泛应用于食品质量追溯领域,实现了日常管理与追溯管理的无缝集成,还实现与物流信息流的实时同步。

第二节　位置与时间知识

本节前面部分对位置信息与位置服务进行讲解;中间半部分对定位技术知识进行讲解,包括卫星定位、基站定位、Wi-Fi 定位、视觉定位等知识;后面部分对时间知识进行讲解，包含世界时、国际原子时、协调世界时、北京时间和授时等。

考核知识点及能力要求：

- 了解位置信息和位置服务的定义与功能。
- 了解常用的卫星定位、基站定位、Wi-Fi定位、视觉定位的知识。
- 了解世界时、国际原子时、协调世界时、北京时间的概念和知识。

一、位置信息与位置服务

从物联网整体架构的角度来看，位置感知是感知层中不可或缺的一部分，为整个物联网体系提供基础的位置信息；从应用的角度来看，位置服务渗透在诸多物联网应用场景中，提供差异化服务。

新冠肺炎疫情期间建立"方舱医院"接纳患者，那么偌大的方舱医院是靠什么实现人员及物资的有条不紊的管理，答案是物联网及其背后隐藏的功臣——位置服务。为实现医院内人员及物资的实时定位及动态管理，大幅提高方舱医院的管理效率，技术人员为方舱应用场景研制和应用了一套低功耗物联网定位产品，医护人员、患者佩戴定位标签，医疗设备安装定位标签，定位数据通过物联网网关传送至云平台，系统就能够监测院内病人在活动区域范围内的实时位置及运动轨迹，并提供越界报警等信息服务。

（一）位置信息

位置信息在物联网中的作用如下：

（1）位置信息是各种物联网应用系统能够实现服务功能的基础。

（2）位置信息涵盖了空间、时间与对象三要素。

（3）通过定位技术获取位置信息是物联网应用系统研究的一个重要问题。

（4）位置服务将成为物联网应用的一个重要的产业增长点。

（5）在特定的物联网应用中，有时甚至只需要测量位置信息。

（二）位置服务

位置服务（location based services，LBS）又称定位服务，为移动因特网增添了内容，它将在未来移动因特网业务的发展中起到重要的作用。物联网中的位置服务的特点如下：

（1）移动互联网、智能手机与卫星定位技术的应用带动了基于位置服务的发展。

（2）基于位置的服务也叫作移动定位服务（mobile positioning system，MPS）。

（3）位置服务通过运营商的 2G/3G/4G/5G 或全球导航卫星系统（global navigation satellite system，GNSS）获取移动数字终端设备位置信息，并在地理信息系统（geographic information system，GIS）平台支持下，为用户提供的一种增值服务。

（4）位置服务两大功能是：确定你的位置，提供适合你的服务。

二、定位技术知识

科技的发展必定需要各项技术的支撑，随着各行业信息化的普及，行业规模日渐增大，人们对定位技术的依赖也越来越高。目前定位技术已在日常交通导航、安全防护方面起到了极大的作用。定位技术特点如下：

1. 应用场景扩大

如今定位技术已经普遍应用到人们的生活中，最常见的莫过于户外的导航技术，但随着对科技的追求及各行业发展的需求，定位技术已经不再单纯地应用在户外场景，未来对于室内定位以及多种环境下的混合定位会有越来越高的需求。如在商场内，常常因为寻找卫生间和某家门店而浪费大量的时间，或在偌大的室内停车场内找不到自己的停车位置，这类问题就需要用到室内定位。

2. 定位日趋精确

传统定位技术的定位精度可以达到 10~100 m，新一代定位技术的定位精度可以控制在 10 m 甚至 1 m 以内。定位精度的不断提高会给物联网产业带来变革。目前，我国的北斗导航系统有了长足的发展，实现了包括地基增强技术、天基定位技术等的全面提升，未来的定位技术完全能够达到厘米级的定位精度，应用范围更加广泛。

定位可以按照使用场景的不同划分为室内定位和室外定位两大类，因为场景不同，需求也就不同，所以分别采用的定位技术也不尽相同。室外定位技术的主流是卫星定位和基站定位两种，室内定位的情况则较为复杂。室内定位技术众多，各种技术都有自己的局限性，彼此间又在一定程度上存在竞争。未来室内定位的趋势一定是多种技术融合使用，实现优势互补，面对复杂环境，成本越低、兼容性越好、精度越高的技术越容易普及。

(一)卫星定位

卫星定位系统是一种使用卫星对某物进行准确定位的技术,可以用来引导飞机、船舶、车辆以及个人准确地沿着既定的路线到达目的地,还可以用于物联网中确认物体的位置信息等。全球导航卫星系统(global navigation satellite system,GNSS)是以人造卫星作为导航台的星级无线电导航系统,为全球陆、海、空、天的各类军民载体提供全天候、高精度的位置、速度和时间信息,包含了全球四大卫星导航系统,如图 3-14 所示。

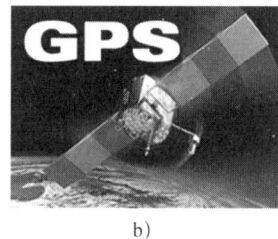

a)   b)   c)   d)

图 3-14　GNSS 包含的四大卫星导航系统
a)北斗　b)GPS　c)GALILEO　d)GLONASS

(1)中国的"北斗"(beidou navigation satellite system,BDS)卫星定位系统。

(2)美国的"全星球导航定位系统"(global positioning system,GPS)。

(3)欧盟的"伽利略"(GALILEO)卫星定位系统。

(4)俄罗斯"格洛纳斯"(global navigation satellite system,俄语缩写 GLONASS)卫星定位系统。

北斗卫星定位系统是全球导航卫星系统的一个重要组成部分,是中国为了国家安全和发展需要自行研发的全球卫星导航系统,于 2020 年建成北斗三号系统,即北斗全球系统。北斗三号空间段采用 24 颗中圆地球轨道卫星(MEO)、三颗地球静止轨道卫星(GEO)和三颗倾斜地球同步轨道卫星(IGSO),比别的卫星导航系统高轨卫星更多,在低纬度地区抗遮挡能力更强;北斗系统创新融合了导航与通信能力,具备定位、导航、授时、短报文通信和国际搜救等多种服务能力。

北斗系统的核心部件均为国产化,包括卫星上的太阳帆板及驱动结构、铷原理钟和氢原子钟、卫星统合电子系统、微波开关和行波管等,地面段的地基增强系统,用户端导航芯片的研发等也全部由我国自主完成。它们是北斗应用的基础，共同决定了北斗商业化的未来。

北斗的全球定位精度与 GPS 相当，在国内的精度甚至超过 GPS，全球平均定位精度 2.34 m，国内民用精度达到 1.2 m，专业级应用可达 10 cm，静态测量毫米级。

北斗的建设还未停歇，更先进的北斗四号已经进入研制阶段，时刻准备迎接新的国际挑战。中国北斗历经 20 余载，从一无所有到全面出口，真正把自力更生做到了极致。

（二）基站定位

很多做定位追踪方面的应用需要实时定位到终端的位置，GPS/北斗的优势是定位准确迅速，但在隧道、地下车库和高架下面等没有卫星信号的地方，就只能利用基站定位，因此基站定位与 GPS/北斗配合使用，在室外的不同场景下提供定位服务。

基站即公用移动通信基站，或称手机基站，基于手机基站的定位服务又叫作移动位置服务。基站定位的原理也很简单：我们知道，距离基站越远，信号越差，根据手机收到的信号强度可以大致估计与基站的距离；基站在移动网络中是唯一确定的，其地理位置也是唯一的，当手机同时搜索到至少三个基站的信号时，根据三点定位原理，只需要以基站为圆心、距离为半径多次画圆即可，这些圆的交点就是手机的位置。定位方式通常有网络方式定位和终端方式定位。

基站定位的精度一般在 500 m 左右，在基站密集的市区可达 120 m，随着 5G 的正式商用，由于 5G 超密集站点增加了基站的数量和多样性，基站的天线为大规模天线阵列（Massive MIMO），5G 带来更低的网络时延，加上在 5G R16 版本引入了定位参考信号（positioning reference signal，PRS），最终在 5G R16 版本最高可以达到 1~10 m 的定位精度，在 5G R17 版本中可以实现亚米级的定位精度。

（三）Wi-Fi 定位

目前 Wi-Fi 是相对成熟且应用较多的技术，由于 Wi-Fi 已普及，因此不需要再铺设专门的设备用于定位。使用 Wi-Fi 定位技术具有便于扩展、可自动更新数据、成本低的优势，因此最先实现了规模化。

Wi-Fi 定位一般采用"近邻法"判断,即最靠近哪个热点或基站,即认为处在什么位置,如附近有多个信源,则可以通过交叉定位(三角定位)来提高定位精度。不过,Wi-Fi 热点受到周围环境的影响会比较大,精度只能达到 2 m 左右,无法做到精准定位,因此主要应用于对人或者车的定位导航,也可用于医疗机构、主题公园、工厂、商场等各种需要定位导航的场合。

有些互联网公司使用 Wi-Fi 场景分析定位。大数据时代收集海量手机定位数据,通过场景分析实现终端方式的相对精确定位。在手机通过 GPS/ 北斗定位导航的同时,导航地图也会收集手机接收到的基站 ID 和 RSSI,以及 Wi-Fi 信号特征,称为信号指纹(RF pattern matching,RFPM)。将无数手机收集到的信号指纹建立一个数据库,只要将当前用户的信号特征与数据库做比对就可以得到用户的位置信息。室内 Wi-Fi 定位也类似,通过别的手段得到手机的准确位置,再得到 Wi-Fi 的名称和 RSSI,建立一个海量的数据库,用于室内 Wi-Fi 场景分析定位。

iPhone 每时每刻都在记录使用者的位置、基站信息和 Wi-Fi 信息,每隔约 12 h 就会向苹果传回加密的数据,苹果利用数亿台 iPhone 手机收到的数据建立了全球各位置的室内外信号指纹数据库,用于 iPhone 等设备场景分析定位。Google 也一样,国外的 Android 手机每隔几秒钟就会收集一次用户所在地的信号指纹,定时将相关数据传回 Google 服务器中。

(四)视觉定位

视觉定位系统可以分为两类,一类是通过移动的传感器(如摄像头)采集图像确定该传感器的位置,另一类是固定位置的传感器确定图像中待测目标的位置。根据参考点选择的不同又可以分为参考三维建筑模型、图像、预部署目标、投影目标、其他传感器和无参考。

祝融号火星车在火星上进行科学研究时,面对复杂的火星环境,无法对其进行实时遥控,因此,火星车头前桅杆顶部配有视野较大的双目导航地形相机进行视觉定位、导航和自主确定行驶线路。祝融号火星车如图 3-15 所示。

除了在科研军事领域有其相关应用外,视觉定位技术在当今的商业领域也有着广泛的应用,例如,搭载摄像头实现高效全景导航的扫地机器人等。

图 3-15　祝融号火星车

（五）其他定位技术

1. RFID 定位

RFID 定位的基本原理是通过一组固定的阅读器读取目标 RFID 标签的特征信息（如身份 ID、接收信号强度等），同样可以采用近邻法、多边定位法、接收信号强度等方法确定标签所在的位置。

这种技术作用距离短，一般最长为几十米。但它可以在几毫秒内得到厘米级定位精度的信息，且传输范围很大，成本较低，同时由于其非接触和非视距等优点，可望成为优选的室内定位技术。但是作用距离近，不便于整合到其他系统之中，无法做到精准定位，布设读卡器和天线需要有大量的工程实践经验且难度大，所以应用受到一定的限制。

2. 蓝牙信标定位

蓝牙信标技术目前部署也比较多，也是相对比较成熟的技术。与 Wi-Fi 的原理和定位方式相似，精度会比 Wi-Fi 稍微高一点。2013 年苹果发布了 iBeacon 定位标签，就是通过蓝牙实现定位的。

3. ZigBee 定位

ZigBee 是一种短距离、低速率的无线网络技术，介于 RFID 和蓝牙之间，可以通过传感器之间的相互协调通信进行设备的位置定位。这些传感器只需要很少的能量，以接力的方式通过无线电波将数据从一个传感器传到另一个传感器，所以 ZigBee 最显著的技术特点是它的低功耗、低成本和组网灵活。

4. 超宽带定位

超宽带（UWB）定位技术利用事先布置好的已知位置的锚节点和桥节点，与新加入的盲节点进行通信，并利用三角定位或者信号指纹定位方式来确定位置。超宽带信号可以轻松穿透常见障碍物的阻隔，用于在一定空间范围内获取人或物的位置信息，同时应用于各个领域的室内精确定位和导航，能够满足隧道、监狱、化工、工厂、煤矿、工地、电厂、养老、展馆、整车、机房、机场等高精度室内定位需求。2021 年苹果发布了 AirTag，就是基于超宽带技术实现定位。

三、时间知识

时间是物理学中的七个基本物理量之一，符号为 t。在国际单位制中，时间的基本单位是秒，符号为 s。

时间是一个非常抽象的概念，吸引着无数科学家、物理学家，甚至哲学家花费毕生精力去解释它的本质是什么，从宇宙大爆炸到时空相对论，从黑洞到量子力学，都能看到关于时间这个问题的身影。本节只把目光聚焦在物联网和计算机这个很小的范畴内，但要想清楚解释这个问题，也并非易事。

（一）世界时

想要知道时间是怎样被定义的，首先要知道"天"是怎么来的？由于地球的"自转"，人们日出而作，日落而息，所以就把这一周期现象定义为"天"。地球除了自转，还在围绕太阳公转，所以围绕太阳公转一周就被定义为一"年"。从这些现象就能看出来，这是以"天文现象"来确定时间的。后来为了把时间定义得更精确，就把一天平均划分为 24 等份，这就是"时"（小时）。同样地，把 1 小时划分为 60 "分钟"，1 分钟划分为 60 "秒"。这样，时间的基本单位"秒"就被定义出来了，所以，秒与天的关系如下：

$$1 秒 = \frac{1}{24 \times 60 \times 60} = \frac{1}{86\,400} 天$$

这些定义，都与地球自转和太阳息息相关。但是，后来人们发现地球的公转轨道并不是一个正圆，而是一个椭圆，也就是说公转速度是不均匀的，这意味着每天的时间不是等长的，那么根据天推算出的秒，自然也不是等长的。最终把一年内所有天的时长加起来，然后求平均，得到相对固定的天，然后再计算得出相对平均的秒，这样就减小了误差。

确定了天文规律，中国古代通过刻漏制，利用漏壶的漏水或漏沙量来计算时间，近现代通过钟表计时，从摆钟到机械钟，再到现代广泛使用的石英钟，钟表的制作工艺越来越高，时间精度也越来越高。1927年，以基于"天文现象"+"钟表计时"，确立了第一套时间标准：世界时（universal time，UT）。

（二）国际原子时

随着科技的发展，人们对太阳的观测越来越精准，发现地球每天的自转速度也不是匀速的，地球的自转受到潮汐、地壳运动、冰川融化、地震等自然现象的影响，越来越慢，这会导致之前世界时中规定的每年平均下来一天的时间是不一样长的。既然观测天文现象无法解决这个问题，科学家们开始把目光投向了微观世界。

每个原子都有一个原子核，原子核外分层排布着高速运转的电子，当原子受电磁辐射时，轨道中的电子可以从一个位置跳到另一个位置，物理学上称此为"跃迁"，原子内的电子发生跃迁时，会吸收或放出一定能量的电磁波。基于这个原理，最终找到一种运动周期短、高度稳定的原子——铯原子，它内部的振荡周期比其他原子更短、更稳定，而且，这个过程基本不受环境因素的干扰。

1967年，国际度量衡大会决定采用以铯原子跃迁9 192 631 770个周期所持续的时间长度定义为1 s，基于这个铯原子振荡制造出来的时钟就被称为"原子钟"。原子钟输出的每一秒都是绝对等长的，非常稳定，这样就实现了精准计时。最新的原子钟甚至可以达到1亿年不差1 s。

基于原子钟又确立了一套新的时间标准，叫作"国际原子时"（international atomic time，TAI）。规定从1958-01-01 00∶00∶00起，用原子时开始计时，它每走的一秒都是非常精确的一秒（固定等长），至此终于解决了秒不固定时长的问题。

（三）协调世界时

这样就有了两套时间标准：

世界时：基于天文现象＋钟表计时，永远与地球自转时间相匹配；

国际原子时：基于原子钟计时，每一秒的周期完全等长且固定。

假设我们以国际原子时为时间标准，那会发生什么现象呢？因为原子时非常稳定，但世界时随着地球自转变慢，会越来越慢，就会导致原子时走得快，世界时走得慢，时间越久，两套时间标准的差距就越大，最后影响对时间的判断和使用。

基于天文测算的世界时，已经指导人类生活了上千年，人类早已习惯了这种时间标准，直接被原子时取代，肯定是不能接受的。但我们又需要原子时这种高度稳定的计时标准来发展科学研究。由于两套时间标准都很重要，于是两者都保留的情况下，又建立了一套新的时间标准。由于这个时钟是基于原子时＋世界时协调得出的，所以科学家把它定义为协调世界时（coordinated universal time，UTC）。

这套时间以原子时为基准开始计时，走的每一秒都是稳定、精确的。同时，为了兼顾基于天文测量的世界时，相关权威机构会持续观测世界时与这个新时钟的差距，如果发现两者相差过大时，就人为地调整一下（加1 s或减1 s），让两者相差不超过0.9 s。而加的这一秒定义为"闰秒"。这么做的好处在于，这个时钟的每一秒的计时依旧是精确的，而且还兼顾了日常生活使用的世界时。

定义了协调世界时，有技术能力的国家纷纷制造自己的原子钟，然后计算协调世界时。同时，为了进一步降低原子钟的测量误差，这些国家会在每个月统一上报自己计算的世界协调时到一个权威机构，然后这个权威机构会根据各国实验室的精度，进行加权计算，算出最终的协调世界时间。之后，再把这个最终的时间下发到各个国家，让各国进行校准，保证全世界的时间误差在100 ns以内。这套协调世界时标准，就是我们现在沿用至今的"标准时间"。

（四）北京时间

中国会在自己算出的世界协调时的基础上，再加8 h（中国在东八区），最终得出来的时间就是"北京时"。配合计算世界协调时的实验室就是"中国科学院国家授时中心"，位于陕西省渭南市蒲城县。为什么北京时间并不是在北京产生的，而是在陕西省呢？因为陕西省的地理位置处于中国的中部，从这个位置向各地广播时间时，与全国每个地区距离都是相对平均的。

（五）授时

位于陕西省的中国科学院国家授时中心产生"北京时间"后，会通过一系列方式，把这个时间广播出去，这个过程就叫作"授时"。国家授时中心提供很多授时方式，如无线电波、网络、电话等。授时中心会通过无线电和网络把时间发送给全国各地的"时间服务器"，时间服务器再通过其他方式（例如网络）广播给下一层的终端用户使用。

授时流程：计算机和物联网设备向时间服务器"请求获取"标准时间，服务端响应时间数据，客户端修改自己的"本机时间"。因为数据在网络传输过程也是需要时间的，这个时间也会影响到时间的准确性，当计算机和物联网设备进行时间校准时，也需要把网络延迟计算进去，最后"修正"这个同步过来的时间，降低误差。

整个授时过程都有相关软件处理，例如，在进行运维相关工作时，就会知道部署应用程序的服务器上都会启动一个"自动校准"时间的服务，这个服务就是 NTP（network time protocol），通过在网络报文上打"时间戳"，并配合计算网络延迟的方式，修正本机的时间。这个修正好的时间误差在广域网下是 10～500 ms，在局域网下通常可以小于 1 ms。NTP 在修正时会涉及两个时间概念：

（1）墙上时钟：通常就是指前面讲到的世界协调时，校准时间后可能发生回拨；

（2）单调时钟：计算机自启动以后经历的纳秒数，不会回拨。

一般我们写的代码，在安卓和计算机中调用的时间 API，通常获取的时间是墙上时钟，所以，如果时间发生校准，就可能发生时光倒流的情况。这必然对程序产生很大的影响，因此 NTP 在校准时间时，提供了两种方式：

（1）ntpdate：一切以服务端时间为准，"强制修改"本机时间。

（2）ntpd：采用"润物细无声"的方式修改本机时间，把时间差均摊到每次小的调整上，也就是说，当需要"回拨"时间时，会让本机时间走得"慢"一点，小步调整，逐渐与服务端的时钟"对齐"，这样一来，本机时间依旧是递增的，避免发生时间"倒流"。

第三节　物联网技术及体系结构知识

本节前半部分对常见的传感器、无线网络、智能控制技术进行讲解；后半部分对物联网四层体系结构进行讲解。

考核知识点及能力要求：
- 熟悉几种常见的物联网技术。
- 熟悉 RFID、传感器、无线网络、智能控制技术的特点和应用。
- 掌握物联网四层体系结构。

一、常见物联网技术

物联网技术起源于传媒领域，是信息科技产业的第三次革命。物联网技术是指根据信息内容感应设备，将物与物、人与物之间的信息进行收集、传递和控制等的技术。常见的物联网技术分为传感器技术、无线网络技术和智能控制技术三大类。

（一）传感器技术

1. 传感器概述

传感器是能够感受规定的被测量并按一定规律转换成可用输出信号的器件或装置的总称。通常被测量的是非电物理量，输出信号一般为电物理量。当今世界正面临一场新的技术革命，这场革命的重要基础是信息技术，而传感器技术被认为是信息技术三大支柱之一。

一些发达国家把传感器技术列为与通信技术和计算机技术同等重要的技术。随着现代科学的发展,传感技术作为一种与现代科学密切相关的新兴学科也得到迅速的发展,并且在工业自动化测量和检测技术、航天技术军事工程、医疗诊断等学科被越来越广泛地利用,对各学科发展起到了促进作用。

目前在全世界有 6 000 多家公司生产传感器,品种多达上万种。美国把 20 世纪 80 年代看作传感器时代;日本把传感器列为 20 世纪 80 年代到 2000 年重大科技开发项目;中国把传感器列为"十五"计划重点科技研究发展项目之一。

2. 传感器的组成部分

传感器一般由敏感元件、转换元件、信号调理转换电路三部分组成,有时还需外加辅助电源提供转换能量。

敏感元件是指传感器中能直接感受或响应被测量的部分;转换元件是指传感器中能将敏感元件感受或响应的被测量转换成适合于传输或测量的电信号部分。由于传感器输出信号一般都很微弱,因此,传感器输出的信号一般需要进行信号调理与转换、放大、运算与调制之后才能进行显示和参与控制。

3. 传感器的应用

传感器种类繁多,原理也各式各样,其中电阻应变式传感器是被广泛用于电子秤和各种新型机构的测力装置,其精度和范围度是根据需要来选定的,过高的精度要求对某种使用也无太大意义,过宽的范围度也会使测量精度降低,而且会造成成本过高及增加工艺上的困难。因此,根据测量对象的要求,恰当地选择精度和范围度是至关重要的。目前,传感器在智能家居中的使用如图 3-16 所示。

但无论何种条件和场合使用的传感器,均要求其性能稳定、数据可靠、经久耐用。为此,在研究高精度传感器的同时,必须重视可靠性和稳定性的研究。包括传感器的研究、设计、试制、生产、检测与应用等诸项内容在内的传感器技术,已逐渐形成了一门相对独立的专门学科。

一般情况下,由于传感器设置的场所并不理想,在温度、湿度、压力等效应的综合影响下,可引起传感器零点漂移和灵敏度的变化,已成为使用中的严重问题。虽然人们在制作传感器的过程中,采取了温度补偿及密封防潮的措施,但它与应变片及粘贴胶本身的高性能化、粘贴技术的精确和熟练、弹性体材料的选择及冷/热加工工艺的制定均有密切的关系，哪一方面都不能忽视，都需精心设计和制作。同时，还须注意传感器的安装方法、支撑结构的设置、如何克服横向力等问题。

图 3-16　传感器在智能家居中的使用

4. 发展趋势与应用前景

对比传感器技术的发展历史与研究现状可以看出，随着科学技术的迅猛发展以及相关条件的日趋成熟，传感器技术逐渐受到了更多人的高度重视。当今传感器技术的研究与发展，特别是基于光电通信和生物学原理的新型传感器技术的发展，已成为推动国家乃至世界信息化产业进步的重要标志与动力。

由于传感器具有频率响应、阶跃响应等动态特性以及诸如漂移、重复性、精确度、灵敏度、分辨率、线性度等静态特性，所以外界因素的改变与动荡必然会造成传感器自身特性的不稳定，从而给其实际应用造成较大影响。这就要求我们针对传感器的工作原理和结构，在不同场合对传感器规定相应的基本要求，以最大限度优化其性能参数与指标，如高灵敏度、抗干扰的稳定性、线性、容易调节、高精度、无迟滞性、工作寿命长、可重复性、抗老化、高响应速率、抗环境影响、互换性、低成本、宽测量范围、小尺寸、重量轻和高强度等。

同时，根据对国内外传感器技术的研究现状分析以及对传感器各性能参数的理想化要求，现代传感器技术的发展趋势可以从下面四个方面加以分析与概括：

（1）开发新材料、新工艺和开发新型传感器。

（2）实现传感器的多功能、高精度、集成化和智能化。

（3）实现传感技术硬件系统与元器件的微小型化。

（4）通过传感器与其他学科的交叉整合，实现无线网络化。

（二）无线网络技术

随着微机电系统（micro electro mechanism system，MEMS）、片上系统（system on chip，SOC）、无线通信和低功耗嵌入式技术的飞速发展，无线传感器网络技术应运而生，并以其低功耗、低成本、分布式和自组织的特点带来了信息感知的一场变革。

无线传感器网络是一种跨学科技术，由部署在监测区域内大量的廉价微型传感器节点组成，通过无线通信方式形成的一个多跳自组织网络。基于微机电系统的微传感技术和无线联网技术为无线传感器网络赋予了广阔的应用前景。这些潜在的应用领域可以归纳为军事、航空、反恐、防爆、救灾、环境、医疗、保健、家居、工业、商业等领域。无线传感器网络是全球未来四大技术产业之一，将掀起新的产业浪潮。

1999年美国商业周刊将无线传感器网络列为21世纪最具影响的21项技术之一；2003年，美国麻省理工学院技术评论在预测未来技术发展的报告中将无线传感器网络列为改变世界十大新技术之一。美国总统科技顾问委员会在"面向21世纪的联邦能源与发展规划"中指出，工业无线技术的广泛应用将使工业生产效率提高10%，并使排放污染降低25%。

1. 概述

无线网络是指无须布线就能实现各种通信设备互联的网络。无线网络技术涵盖的范围很广，既包括允许用户建立远距离无线连接的全球语音和数据网络，也包括为近距离无线连接进行优化的红外线及射频技术。根据网络覆盖范围的不同，可以将无线网络划分为无线广域网、无线局域网、无线城域网和无线个人区域网；根据网络应用场合的不同，可以将无线网络划分为无线传感器网络、无线Mesh网络、可穿戴式无线网络和无线体域网络等。

根据无线网络拓扑结构的不同，无线网络又可以划分为不同的类型。众所周知，在有线网络中，有五大网络拓扑结构，分别是总线（Bus）、令牌环（Ring）、星型（Star）、树型（Tree）和网状（Mesh）。不同于有线网络，在无线网络中，只有星型和网状两种拓扑结构。星型架构主要由一台中心计算机来负责各客户机之间的通信，每两个客户机之间通信都要经过这台中心计算机。网状拓扑架构不同于星型架构，其没有负责各客户机之间通信的中心计算机，而是每个客户机与其通信范围内的客户机进行直接通信。

当前流行的无线通信技术有蓝牙、LoRa、2G/3G/4G/5G、Infrared（IR）、ISM、RFID、NB-IoT、WiMAX、Wi-Fi 和 ZigBee 等，如图 3-17 所示。

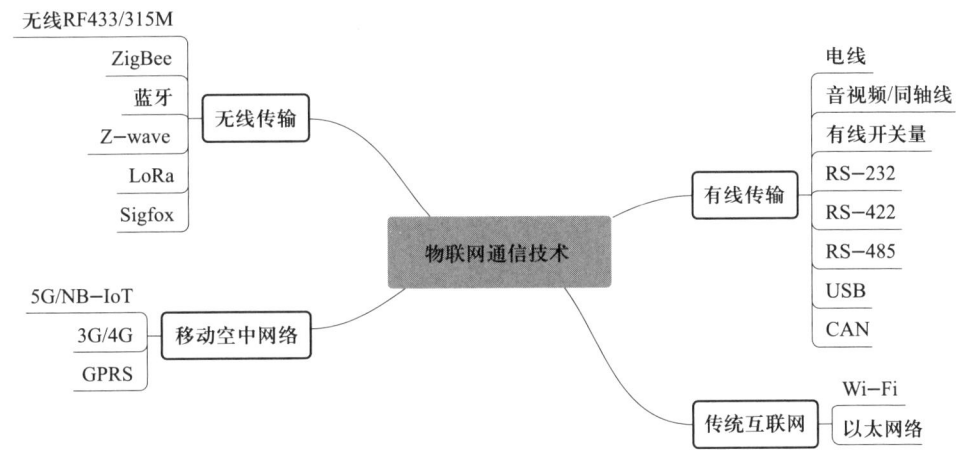

图 3-17 物联网通信技术示意图

各种无线通信技术的适用频段、调制方式、最大作用距离、数据率和应用领域各不相同。总的来说数据率越高，作用距离就越短。同等条件下，还可用网络技术扩展作用距离而仍然保持数据率。

2. 关键技术

无线网络技术的关键技术有混沌加密技术、密钥管理协议、数字水印认证技术及防火墙技术。

（1）混沌加密技术。密码学属于跨学科的一门科目，其探究的主要内容是通过一些手段与方式把真正有用的信息隐藏起来，只有通过授权人的授权方可正确解读信息中的内容。把信息转变为无法读取形式的这项技术即为加密技术。无线传感器诸多的混沌加密技术里，最具代表性的一项技术就是对称密钥体制技术，也是一项密码算法，其耗能较低，相对来说计算起来并不十分复杂。

判断无线传感器网络利用的密码技术是不是最恰当的标准通常有以下几个方面：数据占用的长度跟处理花费的时间、消耗能量的大小、密码算法代码所需的长度。这当中密码算法包括高级加密算法、对称加密算法等。混沌密码技术整体来说属于较为复杂的一项技术，它遵守了动力学的机制以及混乱与扩散的基本原则。

（2）密钥管理协议。密钥管理协议是将密钥被生成到利用的所有步骤进行分级授权保护，保证密钥的封闭性同时也能做到灵活使用。例如，密钥的生成、分发授权于金融机构，使其能够生成密钥分发给传递中支付方，使支付方能生成数字签名保证信息不可否认性，而最终的密钥公证则授权于特定机构，以验证信息的真实性。

数据验证协议是对用户将要使用数据进行安全验证的协议，验证大数据时代活动中交换的数据是否具有端级签名和个人签名。

安全审计协议的协议内容是对大数据时代活动中所有有关安全的事件进行收集、检测和控制，起到危险防护的作用和对危害安全事件进行追责的作用。

（3）数字水印认证技术。数字水印认证技术是通过算法将标识信息嵌入至原始载体中，便于合法使用者进行提取并识别。利用数字水印技术，能够验证认证信息是否被篡改，从而提升无线传感器网络的传输可靠性。

数字水印技术主要由嵌入器、检测器两部分构成，其与密码学相结合，可以实现对信息的多重安全保护。通常，对于传输信息，利用水印嵌入器来形成水印密钥与原始载体数据的结合，而在使用时根据水印检测器来进行水印解密，输出信息。

（4）防火墙技术。在具体的应用当中，这项技术具备很强的 AAA① 管理功能，把内部主机 IP 地址翻译到外网中，使无线传感器网络共享因特网，还可促使外网隐藏到内网结构当中；可支持多种 AAA 协议，拨入 ASA 的各式各样远程来访问 VPN、登录 ASA 管理会话来认证 AAA，并予以授权。在无线传感器网络中，通过防火墙技术，能够确保网络不会遭受到蠕虫、黑客、病毒和坏件等的攻击。

防火墙技术还含有无客户端模式 VPN，保障无线传感器网络客户不用安装 VPN 客户端就可提供给他们网络服务。在无线传感器网络的组成中，防火墙可将无线网络

注：① AAA 指的是 authentication、authorization、accounting，即认证、授权、计费的意思。

与核心网络有效隔离开,通过防火墙将一个或者几个无线网络实行分开管理的方式,这样一来即使入侵者成功地将无线客户端破解了,也无法攻击有线网络。

3. 基本原理

无线信号可以从一个发射器发出到许多接收器而不需要电缆。所有无线信号都是随电磁波通过空气传输的,电磁波是由电子部分和能量部分组成的能量波,电子信号从发射器到达天线,然后天线将信号作为一系列电磁波发射到空气中。信号通过空气传播,直到它到达目标位置为止。在目标位置,另一个天线接收信号,一个接收器将它转换回电流。接收和发送信号都需要天线,天线分为全向天线和定向天线。在信号的传播过程中由于反射、衍射和散射的影响,无线信号会沿着许多不同的路径到达其目的地,形成多径信号。

(三)智能控制技术

1. 概述

智能控制是具有智能信息处理、智能信息反馈和智能控制决策的控制方式,是控制理论发展的高级阶段,主要用来解决那些用传统方法难以解决的复杂系统的控制问题。

智能控制研究对象的主要特点是具有不确定性的数学模型、高度的非线性和复杂的任务要求。智能控制研究的主要目标不再是被控对象,而是控制器本身。控制器不再是单一的数学模型解析型,而是数学解析和知识系统相结合的广义模型,是多种学科知识相结合的控制系统。智能控制理论是建立被控动态过程的特征模式识别,基于知识、经验的推理及智能决策基础上的控制。

一个好的智能控制器本身应具有多模式、变结构、变参数等特点,可根据被控动态过程特征识别、学习并组织自身的控制模式,改变控制器结构和调整参数。

2. 技术基础

智能控制以控制理论、计算机科学、人工智能、运筹学等学科为基础,扩展了相关的理论和技术,其中应用较多的有模糊逻辑、神经网络、专家系统、遗传算法等理论,如图 3-18 所示。

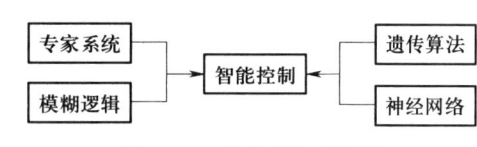

图 3-18 智能控制示意图

（1）专家系统。专家系统是利用专家知识对专门的或困难的问题进行描述的控制系统。尽管专家系统在解决复杂的高级推理中获得了较为成功的应用，但是专家系统的实际应用相对还是比较少的。

（2）模糊逻辑。用模糊语言描述系统，既可以描述应用系统的定量模型，也可以描述其定性模型。模糊逻辑可适用于任意复杂的对象控制。

（3）遗传算法。作为一种非确定的拟自然随机优化工具，遗传算法具有并行计算、快速寻找全局最优解等特点，它可以和其他技术混合使用，用于智能控制的参数、结构或环境的最优控制。

（4）神经网络。是利用大量的神经元，按一定的拓扑结构进行学习和调整的自适应控制方法，神经网络能展现出丰富的特性，具体包括并行计算、分布存储、可变结构、高度容错、非线性运算、自我组织、学习或自学习。这些特性是人们长期追求和期望的系统特性。神经网络在智能控制的参数、结构或环境的自适应、自组织、自学习等控制方面具有独特的能力。

3. 特点

智能控制具有以下基本特点：

（1）智能控制的核心是高层控制，能对复杂系统（如非线性、复杂多变量、环境扰动等）进行有效的全局控制，实现广义问题求解，并具有较强的容错能力。

（2）智能控制系统是一个多模态控制方式，能以知识表示的非数学广义模型和以数学表示的混合控制过程，采用开闭环控制和定性决策及定量控制相结合。

（3）智能控制系统具有变结构特点，能总体自寻优，具有自适应、自组织、自学习和自协调能力。

（4）智能控制系统具有一定的自主能力，包括足够的关于人的控制策略、被控对象及环境的有关知识以及运用这些知识的能力。

（5）智能控制系统有补偿、自修复能力和判断决策能力。

4. 应用

智能控制系统通过先进的网络技术，实现自动化控制管理，大数据分析指令，终端设备进行连接，方便使用者更好地了解到系统下产品的状态。控制设备的动态，多功能模式进行切换，个性化设置贴合人群。智能控制系统的具体应用有以下几个方面。

（1）生产过程中的智能控制。生产过程中的智能控制主要包括局部级智能控制和全局级智能控制。局部级智能控制是指将智能引入工艺过程中的某一单元进行控制器设计。研究热点是智能PID控制器，因为其在参数的整定和在线自适应调整方面具有明显的优势，且可用于控制一些非线性的复杂对象。全局级的智能控制主要针对整个生产过程的自动化，包括整个操作工艺的控制、过程的故障诊断、规划过程操作处理异常等。

（2）先进制造系统中的智能控制。智能控制被广泛地应用于制造行业。在现代先进制造系统中，需要依赖那些不够完备和不够精确的数据来解决难以或无法预测的情况，人工智能技术为解决这一难题提供了一些有效的解决方案：

1）利用模糊数学、神经网络的方法对制造过程进行动态环境建模，利用传感器融合技术来进行信息的预处理和综合。

2）采用专家系统为反馈机构，修改控制机构或者选择较好的控制模式和参数。

3）利用模糊集合决策选取机构来选择控制动作。

4）利用神经网络的学习功能和并行处理信息的能力，进行在线的模式识别，处理那些可能残缺不全的信息。

（3）电力系统中的智能控制。电力系统中发电机、变压器、电动机等电机电器设备的设计、生产、运行、控制是一个复杂的过程，国内外将人工智能技术引入电气设备的优化设计、故障诊断及控制中，取得了良好的控制效果。

二、物联网四层体系结构

物联网的层次结构分为四层，自下向上依次是感知层、网络层、平台层、应用层。

（一）感知层

感知层是物联网的核心，是信息采集的关键部分。感知层位于物联网三层结构中的最底层，其功能为"感知"，即通过传感网络获取环境信息。

1. 概述

感知层包括二维码标签和识读器、RFID标签和读写器、摄像头、GPS、传感器、

M2M终端、传感器网关等，主要功能是识别物体、采集信息，与人体结构中皮肤和五官的作用类似。

2. 组成

感知层由基本的感应器件（如RFID标签、各类传感器、摄像头等）以及感应器组成的网络（如RFID网络、传感器网络等）两大部分组成。

3. 关键技术

感知层常见的关键技术如图3-19所示。

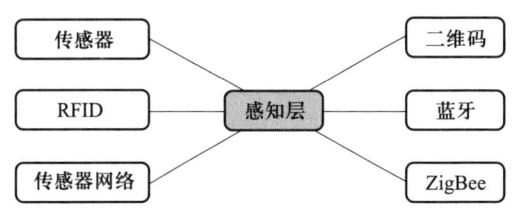

图3-19 感知层常见的关键技术

（1）传感器。传感器是物联网中获得信息的主要设备，它利用各种机制把被测量转换为电信号，然后由相应信号处理装置进行处理，并产生响应动作。常见的传感器有温度传感器、湿度传感器、压力传感器、光电传感器等。

（2）RFID。RFID是一种非接触式的自动识别技术，可以通过无线电信号识别特定目标并读写相关数据。它主要用来为物联网中的各物品建立唯一的身份标识。

（3）传感器网络。传感器网络是一种由传感器节点组成的网络，其中每个传感器节点都具有传感器、微处理器以及通信单元。节点间通过通信网络组成传感器网络，共同协作来感知和采集环境或物体的准确信息。

（4）二维码。二维码是一种信息识别技术，通过黑白相间的图形记录信息，这些黑白相间的图形是按照特定的规律分布在二维平面上的，图形与计算机中的二进制数相对应，人们通过对应的光电识别设备就能将二维码输入计算机进行数据的识别和处理。

（5）蓝牙。蓝牙技术是典型的短距离无线通信技术，在物联网感知层得到了广泛应用，是物联网感知层重要的短距离信息传输技术之一。蓝牙技术既可以在移动设备之间配对使用，也可以在固定设备之间配对使用，还可以在固定和移动设备之间配对使用。蓝牙技术将计算机技术与通信技术相结合，解决了在无电线、无电缆的情况下进行短距离信息传输的问题。

（6）ZigBee。ZigBee是与蓝牙类似的一种短距离无线通信技术，ZigBee能够实现近距离、低复杂度、低功耗、低成本的双向无线通信，主要适合于自动控制和远程控制，可以嵌入各种设备中，同时支持地理定位功能。

（二）网络层

网络层是物联网四层结构中第二层的信息处理系统，其功能为"传送"，即通过通信网络进行信息传输。

1. 概述

网络层作为纽带连接着感知层和应用层，它由各种私有网络、因特网、有线和无线通信网等组成，相当于人的中枢神经系统，负责将感知层获取的信息，安全可靠地传输到应用层，然后根据不同的应用需求进行信息处理。

2. 组成

物联网网络层包含接入网和传输网，分别实现接入功能和传输功能。传输网由公网与专网组成，典型传输网络包括电信网（固网、移动通信网）、广电网、因特网、电力通信网、专用网（数字集群）。接入网包括光纤接入、无线接入、以太网接入、卫星接入等各类接入方式，实现底层的传感器网络、RFID网络"最后一公里"的接入。

物联网的网络层基本上综合了已有的全部网络形式，来构建更加广泛的"互联"。每种网络都有自己的特点和应用场景，互相组合才能发挥出最大的作用，因此，在实际应用中，信息往往经由任何一种网络或几种网络组合的形式进行传输。

（三）平台层

平台层是物联网四层结构中第三层，主要处理网络提供的服务相关事项，例如，提供用户与物联网之间的接口、与网络层及应用层的交互等。

1. 概述

平台层在整个物联网体系架构中起着承上启下的关键作用，它不仅实现了底层终端设备的"管、控、营"一体化,为上层提供应用开发和统一接口,构建了设备和业务的端到端通道,同时还提供了业务融合以及数据价值孵化的土壤,为提升产业整体价值奠定了基础。

2. 工作原理

平台层通过中间件软件实现感知硬件和应用软件之间的物理隔离和无缝连接,提供海量数据的高效汇聚、存储,通过数据挖掘、智能数据处理计算等,为应用层提供安全的网络管理和智能服务。

3. 分类

平台层也有类似的分层关系,按照逻辑关系分为连接管理平台(connectivity management platform,CMP)、设备管理平台(device management platform,DMP)、应用使能平台(application enablement platform,AEP)和业务分析平台(business analytics platform,BAP)四部分,如图 3-20 所示。

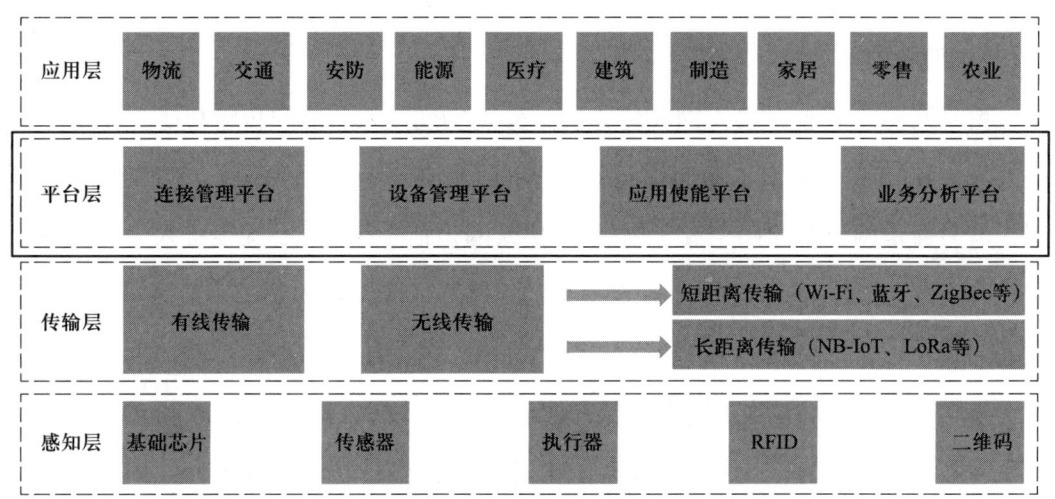

图 3-20 平台层分层示意图

(1)连接管理平台。连接管理平台通常指基于电信运营商网络(蜂窝、LTE 等)提供可连接性管理、优化以及终端管理,维护等方面的功能的平台。其功能通常包括号码 /IP 地址 /Mac 资源管理、SIM 卡管控、连接资费管理、套餐管理、网络资源用量管理、账单管理、故障管理等。

物联网连接具备 M2M 连接数大、单个物品连接 ARPU 值低（只有人类连接客户 ARPU 值的 3%~5%）的特点，直接结果就是多数运营商将放弃自建连接管理平台，转与专门化的 CMP 平台供应商合作。

（2）设备管理平台。物联网设备管理平台往往集成在端到端的全套设备管理解决方案中，进行整体报价收费。设备管理平台功能包括用户管理以及物联网设备管理，例如，配置、重启、关闭、恢复出厂、升级/回退等，设备现场产生的数据的查询，以及基于现场数据的报警功能、设备生命周期管理等。

（3）应用使能平台。应用使能平台是提供快速开发部署物联网应用服务的平台。它为开发者提供了大量的中间件、开发工具、API 接口、应用服务器、业务逻辑引擎等，此外还提供相关硬件（如计算、存储、网络接入环境等）。它的存在，极大地降低了软件开发复杂度和开发门槛。

（4）业务分析平台。业务分析平台主要通过大数据分析和机器学习等方法，对数据进行深度解析，以图表、数据报告等方式进行可视化展示，并应用于垂直行业。由于这个平台涉及大量的数据和业务场景，因此绝大部分都是由企业把控。另外由于人工智能技术及数据感知层搭建的进度限制，目前业务分析平台发展仍未成熟。

（四）应用层

应用层是物联网四层结构中的最顶层，其功能为"处理"，即通过云计算平台进行信息处理。应用层与最底端的感知层一起，是物联网的显著特征和核心所在，应用层可以对感知层采集的数据进行计算、处理和知识挖掘，从而实现对物理世界的实时控制、精确管理和科学决策。

1. 概述

应用层的核心功能围绕两个方面：一是"数据"，应用层需要完成数据的管理和数据的处理；二是"应用"，仅仅管理和处理数据还远远不够，还必须将这些数据与各行业应用相结合。例如，在智能电网中的远程电力抄表应用：置于用户家中的读表器就是感知层中的传感器，这些传感器在收集到用户的用电信息后，通过网络发送并汇总到供电公司的处理器上，该处理器及其对应工作就属于应用层，它将完成对用户用电信息的分析,并自动采取相关措施。

2. 组成

从结构上划分,物联网应用层包括物联网中间件、物联网应用、云计算三个部分,如图 3-21 所示。

(1)物联网中间件。物联网中间件是一种独立的系统软件或服务程序,中间件将各种可以公用的能力进行统一封装,提供给物联网应用使用。

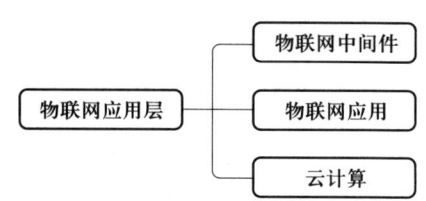

图 3-21 物联网应用层示意图

(2)物联网应用。物理网应用涉及国民经济和人类社会生活的方方面面,因此,"物联网"被称为继计算机和因特网之后的第三次信息技术革命。信息时代,物联网无处不在。物联网的常见应用有智能操控、安防、电力抄表、远程医疗、智能农业等。

(3)云计算。云计算是分布式计算的一种,指的是通过网络"云"将巨大的数据计算处理程序分解成无数个小程序,然后,通过多台服务器组成的系统进行处理和分析这些小程序,得到结果返回给用户。云计算可以助力物联网海量数据的存储和分析。

第四节　物联网协议和标准知识

本节前面部分对通信协议进行讲解,包括协议概述和协议的体系架构等;中间部分对常用的物联网通信协议进行讲解,包括硬件层协议、网络层协议和应用层协议等;

后面部分对标准进行讲解，包括标准概述和标准分类，对国标、行标、企标的定义和适用范围进行讲解。

考核知识点及能力要求：
- 理解协议的定义。
- 掌握物联网常用的硬件层协议。
- 掌握物联网常用的网络层协议。
- 掌握物联网常用的应用层协议。
- 理解标准的等级和分类知识。

一、通信协议

在计算机通信中，通信协议用于实现计算机与网络连接之间的信息识别，如果没有统一的通信协议，网络之间的信息传递就无法识别。通信协议可以简单地理解为各计算机之间进行会话所使用的共同语言，通俗地说，通信协议就是一种约定。

以两人私下交流的语言举例：双方都使用普通话就能交流；也可以约定为英语，只要双方约定好，交流就没有问题。这种双方使用普通话或英语的交流约定就称为协议。

（一）通信协议概述

通信协议又称通信规程，也称为链路控制规程，是指通信双方对数据传送控制的一种约定。约定中包括对数据格式、同步方式、传送速度、传送步骤、检纠错方式和控制字符定义等问题做出统一规定，通信双方必须共同遵守。这些规则（语言）都是事先约定好，一般我们称之为"协议"（protocol），而这种在网络上负责定义资料传输规则的协议，我们就统称为通信协议。注意：协议是控制两个或者多个对等实体进行通信的规则的集合，是平等的。

通信协议具有层次性、可靠性和有效性。通信协议主要由语法、语义、定时规则组成。语法，即如何通信，包括数据的格式、编码和信号等级（电平的高低）等；语义，即通信内容，包括数据内容、含义以及控制信息等；定时规则（时序），即何时通信，明确通信的顺序、速率匹配和排序。

（二）体系架构

在物联网通信协议中，从功能角度可以分为两大类：网关协议和云端协议，也称为接入协议和通信协议。网关协议一般负责子网内设备间的组网及通信，此类设备需要接入网关转换之后，通过 TCP/IP 协议传到服务器或云端；云端协议主要是运行在传统互联网 TCP/IP 协议之上的设备，负责设备通过互联网进行数据交换及通信，如图 3-22 所示。

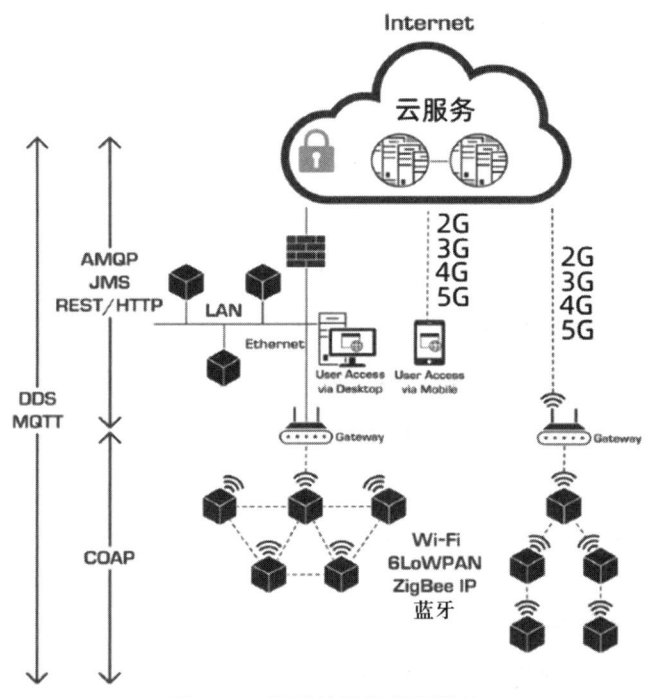

图 3-22　网关协议和云端协议

从功能分类其实不太容易理解协议在物联网中的层次、功能和作用，所以就有了按架构进行的分类。现在的物联网的通信架构也是构建在传统互联网基础架构之上，前面讲解了 TCP/IP 四层模型，为了便于理解，物联网构架在四层模型基础上，将网络接口层称为硬件层，网络层和传输层合并为新网络层，这样就形成了三层模型——硬件层、网络层和应用层，这三层体系模型中的主要通信协议如图 3-23 所示。

物联网三层体系结构不能完全地体现物联网的功能，并且也限制了物联网在某些产品研发方面所能发挥的作用。近几年在物联网技术的基础上重新划入了新的技术，对物联网体系结构提出新的四层架构,也就是我们上一节学习的:感知层、网络层、平台层和应用层。本节使用三层架构,只是为了说明协议在架构中所处的位置,更容易理解协议的功能和作用。

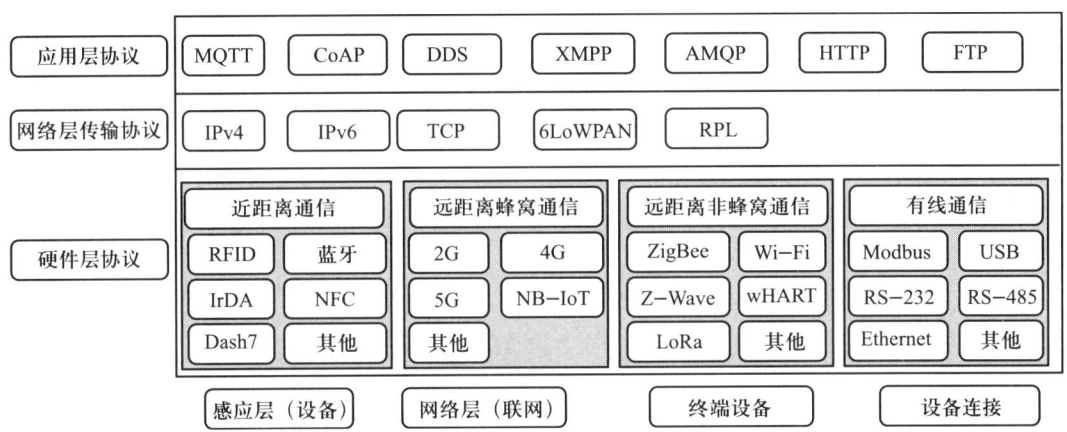

图 3-23　三层体系模型中的主要通信协议

二、常用的物联网通信协议

传统互联网的标准和协议并不完全适合物联网。从横向来看,物联网在几乎所有行业都有广泛的应用场景,每个行业有不同的工况和组网模式;从纵向来看,物联网系统涵盖了传感器/控制设备,数据接入、传输、路由交换组件以及数据的存储处理整个软硬件链条,每个环节都需要合理、高效的技术方案。不同行业和场景适用不同的协议,在相同的场景下也能够有多个协议可供选择,没有任何协议能够在市场上占有统治地位,各种协议之间存在一定的互补效应。

(一)硬件层协议

在硬件层通信技术中,通信协议的名称就是直接使用通信技术的名称,这些技术或者协议都需要芯片模组支持(硬件支持),例如,NB-IoT、LoRa、Wi-Fi、蓝牙和 ZigBee 等。

物联网硬件层通信协议有很多种,包括短距离无线通信、长距离无线通信、短距离有线通信、长距离有线通信四大通信网络群,如图 3-24 所示。

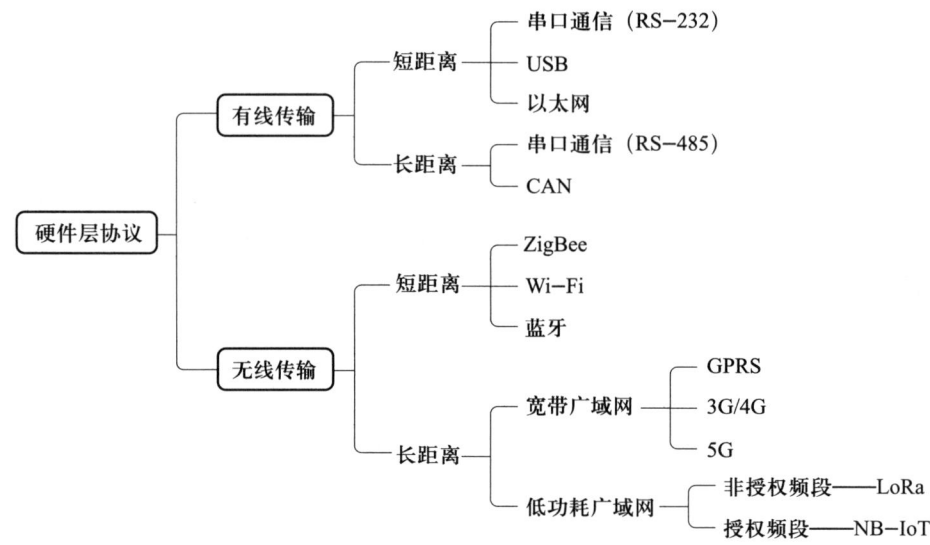

图 3-24　硬件层通信协议示意图

1. 有线传输

有线传输中常用的协议如下。

（1）串口通信。串口通信（serial communication）是指外设和计算机间通过数据信号线、地线、控制线等，按位进行传输数据的一种通信方式。串口通信协议规定了数据包的内容，内容包括起始位、主体数据、校验位及停止位，双方需要约定一致的数据包格式才能正常收发数据。在串口通信中，常用的协议包括 RS-232、RS-422 和 RS-485。

RS-232、RS-422 和 RS-485 标准最初都是由美国电子工业协会（electronic industries association，EIA）制定并发布的。RS-232 标准在 1962 年发布，缺点是通信距离短、速率低，而且只能点对点通信，无法组建多机通信系统。另外，在工业控制环境中，基于 RS-232 标准的通信系统经常会由于外界的电气干扰而导致信号传输错误，这些缺点决定了 RS-232 标准无法适用于工业控制现场总线。RS-422 标准在 RS-232 的基础上发展而来，它弥补了 RS-232 标准的一些不足。为了扩展应用范围，EIA 于 1983 年发布了 RS-485 标准，RS-485 标准与 RS-422 标准相比，增加了多点、双向的通信能力。

（2）USB。USB（universal serial bus，通用串行总线）是一种新兴的并逐渐取代其他接口标准的数据通信方式，逐渐形成了行业标准。USB 作为一种高速串行总线，其极高的传输速度可以满足高速数据传输的应用环境要求，且该总线还兼有供电简单（可总线供电）、安装配置便捷（支持即插即用和热插拔）、扩展端口简易（通过集线器最多可扩展 127 个外设）、传输方式多样化（4 种传输模式），以及兼容良好（产品升级后向下兼容）等优点。USB 可以很方便地连接键盘、鼠标、大容量存储设备等多种外部设备。

USB 标准的命名一直比较混乱，比如 USB 2.0 的时代，USB-IF 组织就曾将 USB 1.0 和 USB 1.1 标准分别"重命名"为 USB 2.0 Low-Speed 与 USB 2.0 High-Speed，而"真正的"USB 2.0 则被称为 USB 2.0 Full-Speed。又比如在 USB 3.x 时代，USB-IF 组织更是将"初代"USB 3.0 标准先后改名为 USB 3.1 Gen1 和 USB 3.2 Gen1，并将 USB 3.1 改名为 USB 3.2 Gen2，以及将 USB 3.2 改名为 USB 3.2 Gen2x2。2022 年 9 月初全新的 USB 标准被公布，新标准虽然在传输速率上比现有的 USB4 40Gbps 的速率直接翻倍，但名称却没有被命名为 USB 4.1 或者 USB 5，而是用了"USB 4 Version 2.0"的命名。

就在 2022 年 9 月中旬，USB-IF 刚刚公布了最新的 USB 产品标识规范。注意，此次发布的是 USB 产品标识规范，而不是 USB 的技术规范。也就是说，上面提及的 USB 3.2 Gen2 这类混乱的接口技术命名并没有被修改，以后还是会存在。但是根据 2022 年 9 月的"产品标识规范"，今后厂商在宣传搭载了 USB 接口的产品以及售卖 USB 线材时，将不再被允许使用 USB 2.0 和 USB 3.2 等容易引起歧义的命名方式。这些技术名称今后仅用于行业内部沟通、交流。取而代之的，今后凡是高速、高规格供电的 USB 接口、USB 充电器或 USB 线缆，都必须使用全新的、明确写出了速率等级和供电功率的新 logo。

比如，某款计算机上使用了一个 USB 4 接口，而它的另外两个 USB 接口可能是 USB 3.2 标准。那么这个更快、功率更大的 USB 接口就应该使用 USB 40 Gbps 的新标识，其他 USB 接口则会被标记为 USB 20 Gbps。如果其中的一个接口具备关机供电能力，那么还会有一个特别的、电池形状的图标围绕在速率标识外面；又比如，今后

USB 充电器不仅需要标注最大输出功率，而且会根据是否支持 USB PD-PPS 协议，在 logo 上做出区分。

最后针对 USB 线缆，新的命名规范也规定不再以 USB 2.0 和 USB 3.2 进行命名，而是必须明确标注所支持的速率和功率。例如，USB 3.0 线缆就是 USB 5 Gbps，USB 3.2 线缆就是 USB 20 Gbps，USB4 线缆就是 USB 40 Gbps，这样命名显然更加一目了然。但要注意的是，根据新规范，USB 2.0 的线材将无须标注速率等级。从另外一个角度来说，今后只要没有明确标注带宽的 USB 线材，应该当成最低端的 USB 2.0 产品。

（3）CAN。CAN（controller area network，控制器局域网）最早被应用于汽车内部控制系统的监测与执行机构间的数据通信，是目前国际上应用最为广泛的现场总线之一。近年来，由于 CAN 总线具备高可靠性、高性能、功能完善和成本较低等优势，其应用领域已从最初的汽车工业领域慢慢渗透进航空工业、安防监控、楼宇自动化、工业控制、工程机械、医疗器械等领域。

CAN 技术规范 V2.0 版本包括 A 和 B 两部分，其中 2.0A 版本技术规范只定义了 CAN 报文的标准格式，而 2.0B 版本则同时定义了 CAN 报文的标准与扩展两种格式。CAN 国际标准 ISO 11898 中规定 CAN 通信数据传输速率为 125 kbps～1 Mbps，适合高速通信应用场景。

CAN 总线上的报文信号使用差分电压传送，ISO 11898 标准的 CAN 总线信号电平标准如图 3-25 所示。

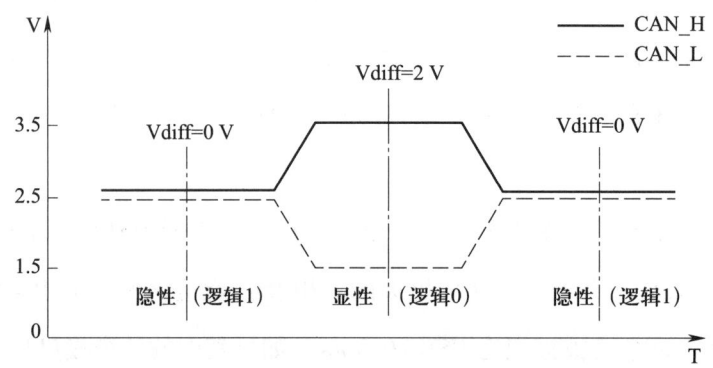

图 3-25 ISO 11898 标准的 CAN 总线信号电平标准

图 3-25 中的实线与虚线分别表示 CAN 总线的两条信号线 CAN_H 和 CAN_L。静态时两条信号线上电平电压均为 2.5 V 左右（电位差为 0 V），此时的状态表示逻辑 1（或称"隐性电平"状态）。当 CAN_H 上的电压值为 3.5 V 且 CAN_L 上的电压值为 1.5 V 时，两线的电位差为 2 V，此时的状态表示逻辑 0（或称"显性电平"状态）。当多个设备同时在 CAN 总线上发出信号电平时，总线电平将是所有设备电平"线与"的结果，即显性电平能够覆盖隐性电平。也就是说，只要有一个单元输出显性电平，总线上即为显性电平，只有所有的单元都输出隐性电平，总线上才为隐性电平。

（4）以太网。以太网（Ethernet）是应用最广泛的局域网技术。以太网作为一种原理简单、便于实现同时又价格低廉的局域网技术已经成为业界的主流协议。根据传输速率的不同，以太网分为标准以太网（10 Mb/s）、快速以太网（100 Mb/s）、千兆以太网（1 000 Mb/s）和万兆以太网（10 Gb/s），这些以太网都符合 IEEE 802.3 规范要求。

以太网使用 CSMA/CD（carrier sense multiple access/collision detection，载波多重访问 / 碰撞侦测）的总线技术，CSMA/CD 的工作过程：终端设备不停地检测共享线路的状态，如果线路空闲则发送数据；如果线路不空闲则一直等待，如果有两个设备同时发送数据必然产生冲突。冲突的产生是限制以太网性能的重要因素，早期的以太网设备，如 HUB 是物理层设备，不能隔绝冲突扩散，限制了网络性能的提高。而交换机作为一种能隔绝冲突的二层网络设备，极大地提高了以太网的性能，替代 HUB 成为主流的以太网设备。然而交换机对网络中的广播数据流量不作任何限制，这也影响了网络的性能。通过在交换机上划分 VLAN 和采用 L3 交换机可以解决这一问题。

2. 无线传输

短距离无线通信代表技术（协议）有蓝牙、ZigBee、Wi-Fi、RFID（包括 NFC）、UWB 和 Z-Wave 等。长距离无线通信包括宽带广域网和低功耗广域网两大类。常见的宽带广域网为三大运营商的 2G/3G/4G/5G，低功耗广域网（low power wide area network，LPWAN）可分为工作在授权频段的 NB-IoT 和 eMTC 以及工作在非授权频段的 LoRa 和 Sigfox。几种常用的无线通信技术对比如图 3-26 所示。

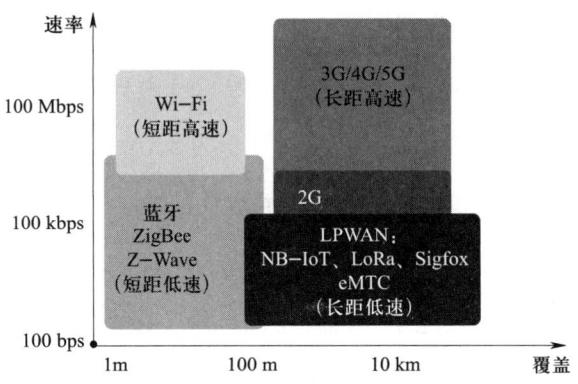

图3-26 几种常用的无线通信技术对比

无线传输中常用的协议如下。

（1）蓝牙。蓝牙是全球使用范围最广的短距离无线标准之一，在手机和移动产品中一直发挥着重要的作用。蓝牙协议已经进行了多次更新，从音频传输、图文传输、视频传输到数据传输。这些更新一方面维持着蓝牙设备的向下兼容性，另一方面也使蓝牙应用于越来越多的物联网设备。蓝牙经典（classic）版本自3.0后就更新不大，随着BLE（bluetooth low energy，蓝牙低功耗）在功耗和传输效率上的不断提升，未来蓝牙的主要发力点将集中在物联网，Mesh的加入使得蓝牙自成物联网体系成为可能。蓝牙目前的最新版本5.3，实现了最高数据传输速率48 Mb/s、最大传输距离为300 m。蓝牙5.0版本开始针对物联网进行底层优化，大力扩展蓝牙在物联网中的应用。

（2）ZigBee。蓝牙对家庭自动化控制和工业遥测遥控领域而言显得太复杂、距离太近和组网规模太小等。针对蓝牙在这些领域的不足，2003年出现了ZigBee技术，能够适应工业现场无线数据传输的高可靠性要求，并能抵抗工业现场的各种电磁干扰。ZigBee技术是一种具有统一技术标准的短距离无线通信技术，其物理层和数据链路层协议为IEEE 802.15.4标准，网络层和应用层由ZigBee联盟制定，用户根据需要对应用层进行开发利用，能够为用户提供机动、灵活的组网方式。

ZigBee也译为"紫蜂"，是一种低速短距离传输的无线网上协议。在物联网领域除了Wi-Fi和蓝牙之外，ZigBee是目前最重要的无线通信协议之一，用于物联网和智能硬件之中，在距离短、功耗低且传输速率不高的各种电子设备之间进行数据传输，适用于周期性数据、间歇性数据和低反应时间数据传输的应用。ZigBee应用在智能家居系统中能很好地提高系统的性能；应用在农业生产中可以实现实时采集和远程控制，从而改进农业生产管理模式，提高农业生产效率。

ZigBee 可工作于 2.4 GHz（全球）、915 MHz（美国）和 868 MHz（欧洲）三个频段，分别具有最高 250 kb/s、40 kb/s 和 20 kb/s 的传输速率，传输距离在 200~250 m（外接 5 dB 鞭状天线）或 300~400 m（外接 9 dB 鞭状天线），功耗低，最大特点是可自组网。

（3）Wi-Fi。蓝牙适合于省电和短距离传输；ZigBee 用于低速率、低功耗场合，不适合于传输大量的数据，例如，传输视频和声音等；与蓝牙和 ZigBee 相对应，Wi-Fi 适用于要求数据量大、带宽大和对功耗不敏感的场合。

Wi-Fi 在无线局域网中是指"无线兼容性认证"，实质上是一种商业认证，同时也是一种无线联网技术。Wi-Fi 与蓝牙技术同属于在办公室和家庭中使用的短距离无线技术。常见 Wi-Fi 设备为无线路由器，在无线路由器的电波覆盖有效范围内都可采用 Wi-Fi 连接方式进行联网。

无线局域网（wireless local area network，WLAN）是一个很有前景的发展领域，虽然它不会完全取代以太网，但会拥有越来越多的应用场景。无线局域网中最有前景的就是 Wi-Fi，几乎所有的智能手机、平板电脑和笔记本电脑都支持 Wi-Fi。以太网和 Wi-Fi 采用的协议都属于 IEEE 802 协议集，Wi-Fi 网络层以下协议为 IEEE 802.11 系列标准，包括 802.11 a/b/g/n/ac/ax，不同的后缀代表着不同的物理层标准工作频段和不同的传输速率。802.11ac 理论最大速率 6.9 Gbps，命名为 Wi-Fi5；802.11ax 理论最大速率 9.6 Gbps，命名为 Wi-Fi6。从 Wi-Fi5 到 Wi-Fi6，单用户速率提高不多，主要是在多用户、高并发场合提高传输效率明显。

（4）RFID。RFID 被认为是 21 世纪最具发展潜力的信息技术之一，更是物联网技术中最重要的组成部分。RFID 技术具有体积小、信息量大、寿命长、可读写、保密性好、抗恶劣环境、不受方向和位置影响、识读速度快、识读距离远、可识别高速运动物体、可重复使用等特点。

（5）UWB。超宽带（ultra-wide band，UWB）技术是一种基于 IEEE802.15.4z 标准的无线电技术。在 iPhone11 发布的时候，苹果公司就宣布为全系手机搭载支持超宽带技术的 U1 芯片。苹果公司曾经表示 U1 芯片将显著提升苹果手机的空间感知（spatial awareness）能力，通过隔空投送（airdrop）应用，苹果公司还展示了基于超宽带技术的快速文件分享。2021 年苹果 AirTag 的发布，在市场上掀起了对超宽带技术的新一轮关注。看到超宽带技术在手机中的应用前景，小米的 MIX4 也已引入超宽带技术。此外，华为、OPPO 和 vivo 也都积极布局超宽带。

一般的通信体制都是利用一个被调制的高频载波来传输信号，超宽带不同于传统的通信技术，并没有使用载波，而是利用非正弦波窄脉冲为信息载体传输数据，脉冲持续时间很短，一般在 0.20 ~ 1.5 ns，有很低的占空比，在高速通信时系统的耗电量仅为几百微瓦至几十毫瓦。美国联邦通信委员会（FCC）为超宽带分配了 3.1 ~ 10.6 GHz 的频带，还将其辐射功率限定在 −41.3 dBm 以内，这个要求比 FCC Part15.209 更为严格，如图 3-27 所示。

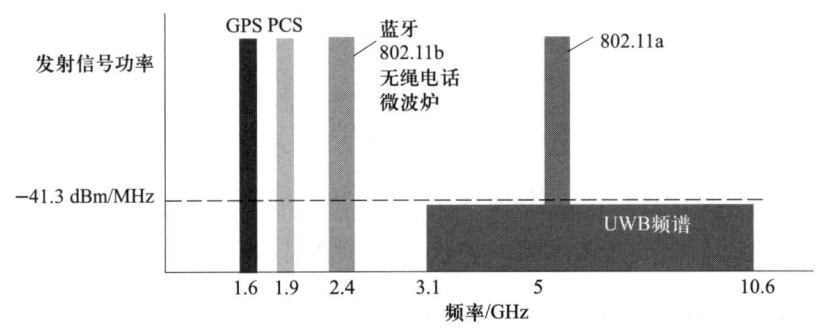

图 3-27　FCC 对超宽带辐射功率的限制

在中国，工信部也将 3.1 ~ 10.6 GHz 的频带划分给超宽带使用，6 ~ 9 GHz 频段限值为 −41 dBm，与 FCC 要求几乎相同，剩下的频段限值比 FCC 更为严格。

（6）NB-IoT。NB-IoT（narrow band internet of things，窄带物联网）也称为 Cat-M2，是一种全新的蜂窝物联网技术，专门提供给物物连接（物联网）使用的专用网络。NB-IoT 是 2015 年 9 月在 3GPP 标准组织中立项提出的一种新的工作在授权频段的低功耗广域网技术，可以支持大量的低吞吐率、超低成本设备连接，并且具有低功耗、优化的网络架构等独特优势。NB-IoT 可以工作比 GSM 临界工作环境再恶化 20 dB 的环境，对于那些更关注功耗的终端设备，NB-IoT 定义了 Class 5 设备，限制了最大发射功率为 20 dBm（0.1 W）。

从 2G 到 4G，移动通信网络都以连接"人"而生。但随着万物互联时代的到来，移动通信网络需面向连接"物"而演进，NB-IoT 应运而生。NB-IoT 与现有网络共存，能够直接部署在 LTE 的网络上，实现与现有网络的复用，降低部署成本，实现平滑升级。

2022 年 10 月中国信息通信研究院验证了基于 3GPP IoT NTN 协议的窄带物联网体制信号在低轨卫星通信系统中的适用性，将 NB-IoT 技术引入卫星通信领域，充分发挥 NB-IoT 技术灵敏度高、覆盖范围广的特点，使用口径 5.8 cm，增益 7 dB 的小口径终端天线，实现了上下行信号正确解调，为卫星物联网终端小型化指出了突破方向，为商用化发展提供了有力支撑。

与 NB-IoT 类似的技术体系的重要成员还有 Sigfox。NB-IoT、LoRa、Sigfox 三者的对比见表 3-1。

表 3-1　　　　　　　　　　NB-IoT、LoRa、Sigfox 对比

应用	NB-IoT	LoRa	Sigfox
信道宽带	200 kHz	7.8～500 kHz	100 kHz
峰值速率	<200 kb/s	几百 b/s	600 b/s
覆盖 MCL	164 dB（提升 20 dB+）	157 dB（+13 dB）	146 dB
网络部署	与现有蜂窝基站复用	独立建网	独立建网
移动性	低速或静止	低速或静止	低速或静止
电池寿命	>10 年	>10 年	20 年
模组成本	有望达 2 美元以内	预计 2 美元	1 美元
频谱安全性	授权频段 GUL 牌照波段，有基于成熟的核心网认证权机制，安全性高	无牌照波段，用户认证低	安全性低
干扰可控性	有网络规划，干扰可控	无牌照波段，安全性低	
适用业务类型	低速、低时延的特征业务	低速、低时延、安全性要求不高的特征业务	

跟 3GPP 以前制定的物联网通信协议比较，NB-IoT 是目前最全面，也是已经正式实施的一个标准。NB-IoT 很重要的一点是射频协议栈的上层也支持 IP 协议。由于

NB-IoT 定义的速率很低、在信号弱时传输一个 IP 包可能需要 7 s 的时间，TCP 传输不适用于大部分的 NB-IoT 应用场景，因此，UDP 在 NB-IoT 中广泛采用。但是 IP 还是很重要的，IoT 设备可以不需要通过某些中间设备而直接连入因特网，就没有必要在终端设备和因特网之间用一个设备用来翻译更高层的协议栈内容。

截至 2019 年年底，我国已建成全球最大的 NB-IoT 网络，基站超过 70 万个，实现了县级以上城市主城区普遍覆盖，重点区域深度覆盖。2020 年 7 月，国际电信联盟（ITU）将中国代表团推荐的 NB-IoT 正式纳入 5G 标准。

（7）LoRa。LoRa 是一种线性调频扩频调制技术，它的全称是远距离无线电（long range radio），因其传输距离远、低功耗和组网灵活等诸多优良特性都与物联网碎片化、低成本、大连接的需求不谋而合，故而被广泛应用于物联网各个垂直行业中。

LoRa 芯片最早由美国 Semtech 推出，相比 NB-IoT 芯片的开放状态，LoRa 芯片的半导体知识产权（IP）由 Semtech 垄断，因此，国内业界普遍担心在贸易战的大背景下这种垄断模式存在很大的交货风险，致使 LoRa 在国内的推广一直不温不火。2018 年 9 月，阿里云 IoT 与 Semtech 公司正式签署了 LoRa 芯片 IP 授权协议，并联合 ASR（翱捷科技）共同发布了基于该 IP 的 LoRa 系统芯片。这是继意法半导体（ST）之后国内企业首次获得 LoRa IP 的授权，也是 Semtech 公司第二次对外进行 LoRa IP 的正式授权，在国内开启了 LoRa 芯片更多供应商的格局。

（二）网络层协议

网络层常用的协议如下。

1. IPv4

IPv4（internet protocol version 4，网际协议版本 4）又称互联网通信协议第四版，是在网际协议开发过程中的第四个修订版本，互联网的核心，也是第一个被广泛应用和部署的版本。

IPv4 是一种无连接的协议，操作在使用分组交换的链路层上。此协议会尽最大努力交付数据包，也就是不保证任何数据包均能送达目的地，也不保证所有数据包均按照正确的顺序无重复地到达，这些工作交由上层的传输协议（如 TCP）处理。

IPv4 地址可被写作任何表示一个 32 位整数值的形式，但为了方便人类阅读和分析，它通常被写作点分十进制的形式，即四个字节被分开用十进制写出，中间用点分隔。有一些特殊的地址：127.0.0.1，回环地址，通常称为本地，该地址指计算机本身，主要预留测试本机的 TCP/IP 协议是否正常，只要使用这个地址发送数据，则数据包不会出现在网络传输过程中；10.x.x.x、172.16.x.x ~ 172.31.x.x、192.168.x.x，这些地址被用于内网中做私网地址，不与外网相连；255.255.255.255，广播地址；0.0.0.0，在 IP 数据报中只能用作源 IP 地址，这发生在当设备启动时但又不知道自己的 IP 地址情况下。

2. IPv6

IPv6（internet protocol version 6，网际协议版本 6）又称互联网通信协议第六版，是互联网工程任务组（IETF）设计的用于替代 IPv4 的下一代 IP 协议。由于 IPv4 最大的问题在于网络地址资源有限，严重制约了互联网的应用和发展，IPv6 的使用不仅能解决网络地址资源数量的问题，而且也解决了多种接入设备连入互联网的障碍。

IPv6 的地址长度为 128 位，是 IPv4 地址长度的 4 倍。于是 IPv4 点分十进制格式不再适用，采用十六进制表示，有三种表示方法：冒分十六进制表示法、0 位压缩表示法和内嵌 IPv4 地址表示法。

3. TCP

TCP（transmission control protocol，传输控制协议）是为了在不可靠的互联网络上提供可靠的端到端字节流而专门设计的一个传输协议，是一种面向连接的、可靠的、基于字节流的传输层通信协议。互联网络与单个网络有很大的不同是因为互联网络的不同部分可能有截然不同的拓扑结构、带宽、延迟、数据包大小和其他参数，TCP 的设计目标是能够动态地适应互联网络的这些特性，而且具备面对各种故障时的健壮性。

应用层向 TCP 层发送用于网间传输的、用 8 位字节表示的数据流，然后 TCP 把数据流分区成适当长度的报文段，报文段的大小通常受该计算机连接的网络的数据链路层的最大传输单元（MTU）的限制，之后 TCP 把结果包（报文段）传给 IP 层，由 IP 层通过网络将包传送给接收端实体的 TCP 层。TCP 为了保证不发生丢包，就给每个包一个序号,同时序号也保证了传送到接收端实体的包的按序接收。然后接收端实体对已成功收到的包发回一个相应的确认(ACK);如果发送端实体在合理的往返时延(RTT)内未收到确认,那么对应的数据包就被假设为已丢失被进行重传。TCP用一个校验和函数来检验数据是否有错误,在发送和接收时都要计算校验和,当校验和不相同时有相应的错误提示并进行数据包重传。

4. 6LoWPAN

6LoWPAN是一种基于IPv6的低速无线局域网标准,即IPv6 over IEEE 802.15.4,是一种非常紧凑、高效的IP实现,这在工业协议(BACNet、LonWorks、通用工业协议和监控与数据采集)领域具有特别的价值,非常适合应用在从手持机到仪器的设备中,而其对AES128加密的内置支持为强健的认证和安全性打下了基础。

(三)应用层协议

应用层协议大多需要服务器或云平台支撑才能实现,物联网应用中常用的应用层协议有MQTT、CoAP、DDS、AMQP、XMPP、JMS、REST和Modbus。其中,AMQP、JMS、REST/HTTP工作在以太网;COAP协议是专门为资源受限设备开发的协议;DDS和MQTT的兼容性则强很多。每一种通信协议都有一定的适用范围,在具体物联网系统架构设计时,需结合实际场景的通信需求选择合适的协议。以智能家居为例,灯光和家用设备的控制可以使用MQTT;智能家居的电力供给、电机的监控可以使用DDS协议;家中所有电器的电量消耗可以使用AMQP协议,传输到云端或家庭网关中进行分析;如果想把自家的能耗查询服务公布到互联网上,那么可以使用REST/HTTP来开放API服务。

DDS、MQTT、AMQP和JMS都是基于发布/订阅模式,具有服务自发现、动态扩展、事件过滤的特点,它解决了物联网系统在应用层的数据源快速获取、物的加入和退出、兴趣订阅、降低带宽流量等问题,实现物的连接在空间上松耦合(双方无须知道通信地址)、在时间上松耦合和同步松耦合。

1. MQTT

MQTT(message queuing telemetry transport,消息队列遥测传输)是一种基于发布/订阅(publish/subscribe)模式的轻量级通信协议,该协议构建于TCP/IP协议上,目前广泛使用的版本为 V3.1.1，最新版本为 V5.0。MQTT 协议的设计原则：必须简单容易实现，必须支持 QoS(设备网络环境复杂)，必须轻量且省带宽（因为当时带宽很贵），必须与数据无关（不关心数据的格式），必须有持续会话感知能力（时刻知道设备是否在线）。

从网络架构的角度来看，MQTT 协议包括服务端和客户端，从消息传递的角度来讲包括发布者（publish）、代理（broker）和订阅者（subscribe）。

2. CoAP

CoAP（constrained application protocol，受限制的应用协议）基于 REST 架构，构建于 UDP 协议上，是一种在物联网世界的类 Web 协议。CoAP 协议专门为 M2M 通信设计。在 M2M 通信过程中很少会有人的干预。为了实现在没有人干预的情况下正常工作，CoAP 提供了资源发现机制，这就使客户端理解哪些 URI 是被支持，并且客户端可以获知该 URI 的具体含义。CoAP 协议建议服务器端应该支持一个 /.well-known/core，该 URI 可以被任何客户端访问，当客户端请求该预先协商好的 URI 时，服务器返回一系列的 URI。需要注意的是，CoAP 并不是为了取代 HTTP 协议，而是希望在小设备（例如 CPU 为 8 位的单片机，内存 4 kB 和 Flash 40 kB）中使用。

3. REST/HTTP

HTTP 是一种协议规范，基于 TCP/IP 通信协议来传递数据（HTML 文件，图片文件、查询结果等）。HTTP 规定了客户端和服务器之间的通信格式，指定了客户端可能发送给服务器什么消息以及得到怎样的响应，请求消息和响应消息的头以 ASCII 形式给出，消息内容则具有一个类似 MIME（多用途互联网邮件扩展类型）的格式。

一个客户机与服务器建立连接后，发送一个请求给服务器，请求方式的格式为：统一资源标识符、协议版本号，后面是 MIME 信息，包括请求修饰符、客户机信息和可能的内容。服务器接到请求后，给予相应的响应信息，其格式为：一个状态行包括信息的协议版本号、一个成功或错误的代码，后面是 MIME 信息，包括服务器信息、实体信息和可能的内容。其实简单来说就是任何服务器除了包括 HTML 文件以外，还有一个 HTTP 驻留程序，用于响应用户请求。当在浏览器中输入了一个开始文件或点击了一个超级链接时，浏览器就向服务器发送了 HTTP 请求，此请求被送往由 IP 地址指定的 URL。驻留程序接收到请求,在进行必要的操作后回送所要求的文件。

REST 即表述性状态传递,是基于 HTTP 协议开发的一种通信风格。REST/HTTP 主要为了简化互联网中的系统架构,快速实现客户端和服务器之间交互的松耦合,降低了客户端和服务器之间的交互延迟。使用的是标准的 HTTP 方法,如 GET、PUT、POST 和 DELETE。REST/HTTP,其实是调用 API 封装风格。在物联网应用系统中,可以通过开放 REST API 的方式把数据服务开放出去,被互联网中其他应用所调用。

4. DDS

DDS(data distribution service for real-time systems,实时系统的数据分发服务)是中间件协议和应用程序接口(API)标准,它为分布式系统提供了低延迟、高可靠性、可扩展的通信架构标准。

DDS 最重要的特性是以数据为中心,这是与大多数通信中间件不同的地方。DDS 的数据共享以主题(topic)为单元,应用程序能够通过主题判断其所包含的数据类型,而不必依赖其他的上下文信息。同时 DDS 能够按照用户定义的方式自动地进行存储、发布或订阅数据,使应用程序能够像访问本地数据一样写入或者读取数据。

DDS 实现的数据共享可以理解成一个抽象的"全局数据空间",任何应用程序,无论是开发语言,还是运行的操作系统类型,都可以通过相同的方式访问这个"全局数据空间",就像访问本地的存储空间一样。当然,"全局数据空间"仅仅是一个抽象的概念,在实现时仍然分别存储在每个应用程序的本地空间当中。在系统运行时,数据是按需传输或存储的,数据的发布者仅发送对方需要的数据,而订阅者仅接收并存储本地应用程序当前需要的数据。

DDS 还提供了非常灵活的 QoS 策略,以满足用户对数据共享方式的不同需求,比如可靠性、故障处理等。针对数据安全性要求比较高的系统,DDS 还提供了细颗粒度的数据安全控制,包括应用程序身份认证、权限控制、数据加密等。

5. AMQP

AMQP(advanced message queuing protocol,先进消息队列协议)是一个提供统一

消息服务的应用层标准高级消息队列协议,是应用层协议的一个开放标准,为面向消息的中间件设计。基于此协议的客户端与消息中间件可传递消息,并不受客户端/中间件不同产品、不同的开发语言等条件的限制。AMQP 最早应用于金融系统之间的交易消息传递。在物联网应用中,AMQP 主要适用于移动手持设备与后台数据中心的通信和分析。

6. XMPP

XMPP(extensible messaging and presence protocol,可扩展的消息和状态协议)是一个开源形式组织产生的网络即时通信协议,也是一个基于可扩展标记语言(extensible markup language,XML)的开源实时通信协议。事实上,XMPP 提供了一种在实体直接实时发送小可扩展标记语言片段的方法。

XMPP 被广泛应用于应用程序中,服务规范主要由 IETF 与 XEP 定义。XMPP 通常提供以下核心服务:信道加密、认证、存在状态、联系人列表、一对一通信、多人会议、通知、服务发现、结构数据表单、工作流管理、点对点 sessions。通过这些核心服务,XMPP 可以应用于实时通信工具、多人会话、游戏、系统工具、定位、中间件和云计算、VoIP、身份服务等。

7. JMS

JMS(java message service,Java 消息服务)是 Java 平台著名的消息队列协议。JMS 是一系列的接口及相关语义的集合,通过这些接口和其中的方法,JMS 客户端去访问消息系统,完成创建、发送、接收和读取企业消息系统中消息。JMS 为 Java 程序提供了一个发送和接收消息的标准的、便利的方法。JMS 可移植性的关键在于:JMS API 是作为一组接口提供的,开发人员可以通过定义一组消息和一组交换这些消息的应用程序建立 JMS 应用程序,实现异步通信。

JMS 自提出以来,致力于达成以下几个目标:

(1)定义一组消息公用概念和实用工具。所有 Java 应用程序都可以使用 JMS 中定义的 API 去完成消息的存储转发;

(2)最大化消息应用程序的可移植性;

(3)最大化降低应用程序与应用系统之间的耦合度。

8. Modbus

Modbus 是一种应用层通信协议,已经成为工业领域通信协议的业界标准,是工业电子设备之间最常用的连接方式之一。Modbus 通信协议有多个版本:基于串行链路的版本,基于 TCP/IP 协议的网络版本,还有基于其他互联网协议的网络版本。其中前面两个版本的实际应用场景较多。基于串行链路应用时常选择 RS-232 或 RS-485 作为传输介质,有两种传输模式,分别是 Modbus RTU 与 Modbus ASCII。这两种模式在数值数据表示和协议细节方面略有不同:Modbus RTU 是一种紧凑的、采用二进制数据表示的方式,Modbus ASCII 的表示方式则较为冗长;在数据校验方面,Modbus RTU 采用循环冗余校验方式,Modbus ASCII 采用纵向冗余校验方式。另外,配置为 Modbus RTU 模式的节点无法与 Modbus ASCII 模式的节点通信。

Modbus 是一种单主/多从的通信协议,即在同一时间总线上只能有一个主设备,但可以有一个或多个(最多 247 个)从设备。主设备是指发起通信的设备,从设备是接收请求并做出响应的设备。在 Modbus 网络中,通信总是由主设备发起,而从设备没有收到来自主设备的请求时,不能主动发送数据。

三、标准

无规矩不成方圆,日常生活中,规矩无处不在,如不准随地吐痰、不能乱扔垃圾、过马路要走人行横道、公共场所禁止吸烟、要遵纪守法等。协议和标准就是通信领域中的规矩。

标准是对重复性事物和概念所作的统一规定,它以科学技术和实践经验的结合成果为基础,经有关方面协商一致,由主管机构批准,以特定形式发布,作为共同遵守的准则和依据。通俗地说,标准就是把之前好用/常用的方法具象化。就像是菜谱,大家只需要严格照着菜谱做菜就能做出几乎一样的味道。

(一)标准概述

国家标准 GB/T 20000.1—2014《标准化工作指南 第 1 部分:标准化和相关活动的通用术语》条目 5.3 中对标准的描述为:通过标准化活动,按照规定的程序经协商一致制定,为各种活动或其结果提供规则、指南或特性,供共同使用和重复使用的文件。

国际标准化组织的标准化原理委员会以"指南"的形式给"标准"的定义做出统一规定：标准是由各方根据科学技术成就与先进经验，共同合作起草、一致或基本上同意的技术规范或其他公开文件，其目的在于促进最佳的公众利益，并由标准化团体批准。

《中华人民共和国标准化法》第二条规定，本法所称标准（含标准样品），是指农业、工业、服务业以及社会事业等领域需要统一的技术要求。

（二）标准分类

按标准的内容不同，通常把标准划分为基础标准（一般包括名词术语、符号、代号、机械制图、公差与配合等）、产品标准、辅助产品标准（工具、模具、量具、夹具等）、原材料标准、方法标准（包括工艺要求、过程、要素、工艺说明等）。

按成熟程度不同，将标准划分为法定标准、推荐标准、试行标准、标准草案。

按照标准化对象不同，通常把标准分为技术标准、管理标准和工作标准三大类。技术标准：对标准化领域中需要协调统一的技术事项所制定的标准，包括基础标准、产品标准、工艺标准、检测试验方法标准以及安全、卫生、环保标准等；管理标准：对标准化领域中需要协调统一的管理事项所制定的标准；工作标准：对工作的责任、权利、范围、质量要求、程序、效果、检查方法、考核办法所制定的标准。

按标准级别不同，通常把标准分为国家标准、行业标准、地方标准、团体标准和企业标准。

1. 国家标准（国标）

国家标准是指对我国经济技术发展有重大意义，必须在全国范围内统一的标准，在全国范围内适用，其他各级标准不得与国家标准相抵触。国家标准是标准体系中的主体，国家标准一经发布，与其重复的行业标准、地方标准相应废止。

国家标准分为强制性国家标准和推荐性国家标准。对保障人身健康和生命财产安全、国家安全、生态环境安全以及满足经济社会管理基本需要的技术要求制定强制性国家标准，例如，与3C认证相关的国家标准。对于满足基础通用、与强制性国家标准配套、对各有关行业起引领作用等需要的技术要求制定推荐性国家标准。推荐性国家标准一经接受并采用，或各方商定同意纳入经济合同中，就成为各方必须共同遵守的技术依据，具有法律上的约束性。

强制性国家标准的代号为GB，推荐性国家标准的代号为GB/T，国家标准化指导性技术文件代号为GB/Z。

2. 行业标准（行标）

行业标准是指没有推荐性国家标准、需要在全国某个行业范围内统一的技术要求。行业标准是对国家标准的补充，在相应国家标准实施后应自行废止。

3. 地方标准

地方标准是指在国家的某个地区通过并公开发布的标准。地方标准在本行政区域内适用，在相应的国家标准或行业标准实施后，地方标准应自行废止。

4. 团体标准（团标）

团体标准是按照团体确立的标准制定程序自主制定发布，由本团体成员约定采用或者按照本团体的规定供社会自愿采用。国家鼓励社会团体制定严于国家标准和行业标准的团体标准，引领产业和企业的发展，提升产品和服务的市场竞争力。

5. 企业标准（企标）

企业标准是对企业范围内需要协调、统一的技术要求、管理要求和工作要求所制定的标准。企业可以根据需要自行制定企业标准，或者与其他企业联合制定企业标准，企业标准需要备案之后才能生效。

通常情况下，选用标准的顺序为：国标→行标→团标→企标，有国标和行标时优先选用国标和行标。在有国标和行标时制定的企业标准必须高于国标和行标，指标低于国标和行标的企标为无效标准。可以这样认为：国标、行标、企标允许同时存在，但前提条件是制定标准时，企标应优于（高于）行标，行标又优于（高于）国标。

第五节　物联网工程实施与运维知识

本节前面部分对物联网设备安装与调试知识进行讲解，包括常用的设备和安装调试流程的讲解；中间部分对物联网系统部署知识进行讲解；后面部分对系统运行与维护知识进行讲解，包括运行监控、故障维护和运行维护等。

考核知识点及能力要求：

- 掌握物联网设备的安装调试流程。
- 掌握服务器系统搭建要点。
- 掌握结构化查询语言基本操作。
- 掌握应用程序的安装注意事项。
- 了解物联网设备运行监控的方式。
- 了解物联网设备故障类型。
- 了解物联网系统运行维护方式。

一、物联网设备安装与调试知识

为保证物联网设备的日常使用，降低损耗，需在物联网设备的安装与调试阶段保证设备的安装质量。安装与调试指的是通过工具与仪器将物联网设备安装至固定的位置，并经过调试保证满足使用需求。设备的开箱验收作为设备安装与调试的准备工作，首先应确保各方代表，包括项目建设单位（发包方）、监理单位、承建单位（承包方）、供货单位均在场的情况下逐一检查装箱设备，确保安装设备与耗材完整性的同时保障设备的基础质量;其次设备的安装必须严格遵循安装流程的基础上对安装图纸进行分析,根据产品说明书与安装图纸,在确保项目工程进度的前提下,完成设备的正确安装;最后根据设备的特性,参照设备的使用文档,利用调试软硬件工具完成设备的调试,实现物联网设备间的可靠通信。

(一)常见物联网设备

物联网作为一个复杂的系统,用于实现物体间的信息感知与交换,主要是通过条码、RFID、激光扫描器、物联网中心网关等物联网设备,基于约定的协议,将物体与网络联系起来,采用信息采集、捕获和识别的形式,完成各个节点间的信息交换与通信。

常见的物联网设备通常按照物联网体系结构的功能进行划分:感知层主要用于实现信息的全面感知;网络层的主要功能是结合运营商网络完成感知数据与控制信息的传递;应用层主要是利用感知信息进行存储、挖掘与分析,并根据需求提供丰富的应用服务。下面以传感器、RFID设备、物联网中心网关设备为例讲解。

1. 传感器

传感器作为信息采集系统的首要组成部件,主要用于感知与检出被测量对象的规定信息,且按规律转换成可用输出信号。因此,传感器是获取对象信息的重要检测工具,提供实时数据给物联网系统,并且保证数据信息传输的可靠与准确。传感器的被测量对象通常为非电物理量,如温度、湿度、光照度等,而可用输出信号一般为电量。传感器具有动态性、稳定性、重复性、精确性、迟滞性等特性。物联网设备间的信息测量、转化与分析均依靠于传感器,但由于传感器的工作易受外界因素的影响,因此,环境的改变必然会造成传感器自身特性的不稳定,从而导致物联网系统的动荡。

传感器的品类繁多,检测对象多样,分类方法也多种多样:按照构成原理划分为结构型传感器、物性型传感器和复合型传感器;按照工作原理划分为电感式传感器、电容式传感器、压电式传感器、电阻式传感器、光电式传感器等;按照输出量的性质划分为模拟量传感器与数字量传感器;按照敏感材料划分为陶瓷传感器、半导体传感器、光导纤维传感器、有机材料传感器等;按照功能划分为热敏传感器、湿敏传感器、气敏传感器、压敏传感器、色敏传感器、声敏传感器、味敏传感器等。如图 3-28 所示为噪声传感器与烟雾传感器。传感器一般由敏感元件、转换元件和其他辅助件组成，可通过接触被测对象也可不接触被测对象实现信息的采集。

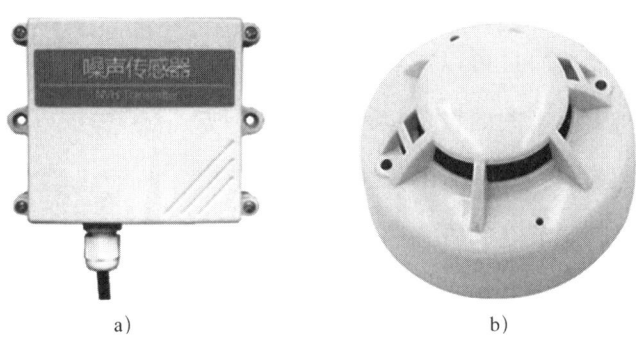

图 3-28 传感器设备

a）噪声传感器　b）烟雾传感器

2. RFID 设备

射频设备属于无线通信技术的衍生物，利用自动识别技术获取目标物体的相关信息。RFID 设备主要包括电子标签与读写器组件，其中电子标签具备唯一的电子编码，用于标识被识别目标物体的信息附于被识别目标物体上。读写器具有分别读取与写入标签信息的功能。读取表示通过电磁感应实现无接触识读电子标签内的目标物体数据，从而完成自动识别物体的操作；写入指的是将物体数据信息存储至电子标签内。射频设备可一次性高速处理多个电子标签，且不受尺寸与形状限制。目前市面上主要有手持式读写器与固定式读写器，如图 3-29 所示。

图 3-29 RFID 读写器设备

a）手持式读写器　b）固定式读写器

3. 物联网中心网关

物联网中心网关用于网络间的互联、不同协议间的通信以及信息的转发。其主要功能为通过数据传输与协议转换连接不同层次间的异构网络，将传感器网络与运营商网络相结合实现感知节点的接入，也可集成安全与计费功能。物联网中心网关不仅具有广域网连接的功能，而且可以实现局域互联。运营商可通过物联网中心网关的设备接入、设备管理与协议转换特性，获取感知节点的设备信息，利用远程控制节点实现底层节点的管理服务，加强物联网网关与感知节点的管理。物联网中心网关通常包括通信模块、日志管理模块、配置管理模块、串行收发模块、指令映射模块和协议转换模块。如图 3-30 所示为物联网中心网关。

图 3-30 物联网中心网关

（二）物联网设备检测工具

作为设备开箱验收的重要流程，物联网设备检测用于帮助验收人员准确判断设备的到货质量，同时保障后期设备的正常运作。在物联网设备的检测过程中，需在了解设备特性的基础上，通过设备工作原理，熟练掌握设备的检测方法。而在检测的过程中，选取适合的检测仪器和相关设备也是至关重要的。常见的物联网设备检测工具有硬件工具与软件工具。下面以万用表、串口调试助手为例讲解。

1. 万用表

万用表的主要功能为测量电压、电流与电阻，实现电子电路参数模拟量的采集与处理，并由中央处理器将信号传输至仪表屏中。目前常见的万用表有指针万用表与数字万用表两种，如图 3-31 所示。万用表由表头和可换挡的测量电路组成，二者均通过红、黑表笔进行测量。指针万用表可直接将模拟参数进行显示，而数字万用表是将模拟电信号转换为数字信号进行显示。万用表具有多量程、多功能以及便于携带的功能，主要应用于物理、电器、电子等测量领域。

2. 串口调试工具

计算机包括串行与并行两种通信方式。并行通信的数据字节通过多条传输线同时传输,虽然传输速度高,但成本高;而串口通信的数据字节主要采用按位拆分的方式在同一条传输线上顺序传输,相较于并行通信降低了传输成本,应用更加广泛。串口调试中常见的工具为串口调试助手软件。串口调试助手作为测试串口通信的软件,具有方便、稳定以及交互性强的优点。串口调试助手可利用串口通信协议实现与下位机间的通信,应用于需要进行数据传输的操作系统和装置。串口调试助手有多个版本,如图 3-32 所示为某版本串口调试助手界面。使用前根据设备类型需求完成串口、发送区以及接收区的参数设置,并且依据操作系统环境切换系统语言。串口调试助手在支持存储批量数据与指令序列的同时,自动保存历史发送记录。

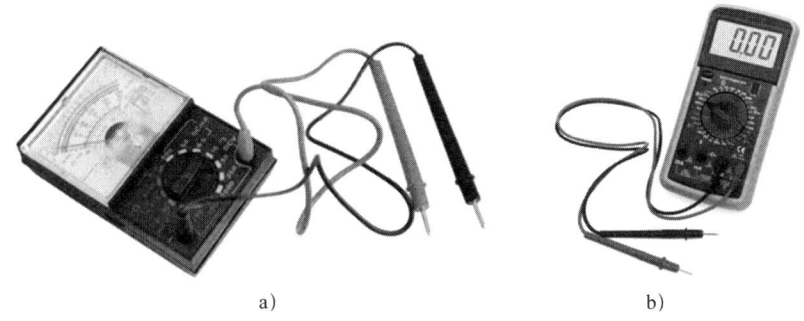

图 3-31 万用表

a)指针万用表　b)数字万用表

图 3-32 串口调试助手

(三)物联网设备安装调试流程

物联网设备的安装按照安装方式可以分为立杆式安装、壁挂式安装、吊顶式安装等方式。不论何种安装方式,在安装前必须进行设备开箱检查,认真检查到货设备的外观质量以及各种附属设备的质量,清点核对配件数量。一般物联网设备的安装流程为:设备安装选点→设备配置→设备安装→综合布线→设备上电→设备调测。技术人员需根据设备安装说明书,严格按照安装调试流程,控制安装质量环节。

1. 设备安装选点

设备的安装选点可根据项目实施方案、施工图纸进行确认,若出现项目设计阶段到施工阶段期间现场环境变动,或者由于不同行业间不同项目的特性导致标注的精确度不同,需在实施方案标注设备安装位置的基础上,结合项目环境的实际情况进行选点安装。例如,安装环境比较潮湿时,应将设备安装于室内通风干燥的环境,防止设备受潮损坏。设备安装选点一般需要考虑以下因素:

(1)符合国家、行业标准与规范规定的设备布设距离、密度等要求。

(2)符合设计文档中设备测量范围、测量精度对设备安装的要求。

(3)符合设备厂商提供的设备选点及安装的相关要求。

(4)符合现场环境(供电、通信、防雷、维护等)的要求。

2. 设备配置

为便于完成设备配置的接线操作,避免安装后发现设备故障、高空配置设备等影响施工效率或安全的事项,物联网设备的配置需在设备安装前完成。设备配置是通过设备参数设置实现设备的组网以及数据采集发送。设备参数配置一般包括设备地址、工作模式、通信方式、通信地址及端口号、通信协议等内容。在设备配置的过程中,若存在设备版本问题还需利用固件烧写工具完成设备固件更新和维护操作。应尽量依据厂商提供的配置工具进行设备配置,具体配置参数可参考从厂商项目对接人、厂商官网等途径获取的产品说明书。物联网设备的配置通常需要基于设备的连接,常见的设备配置连接方式包括:

(1)直接根据设备提示按钮进行配置。

(2)计算机或手机等终端采用Wi-Fi、网线连接设备进行配置。

（3）通过计算机串口或 USB 转串口线连接设备进行配置。

3. 设备安装

设备安装需针对设备的构造与工作原理，依据安装特点选择设备安装方式，完成设备的安放与装配，以满足设备的预期工作效果。以下为物联网设备安装的注意事项：

（1）在设备的安装过程中需提前对配套线缆做好安全防护工作，并在断电情况下进行安装，避免线缆绝缘层破损、电路短路等问题的出现。

（2）需要保证安装牢固紧实的同时，方便后期设备的拆除与维护。

（3）安装过程中根据设备规格大小进行安装距离的调整，不断优化物联网设备布局。

4. 综合布线

设备安装的连接线应横平竖直，变换布线走向应垂直布放，线的连接布放应牢固可靠、整洁美观。设备连接的电源线和信号线间需存在间隔距离，避免互相干扰导致信号传递错误。连接线路若存在二次回路，连接线中间不应有接头，连接接头只能在设备的接线端子上。接线端子上的连接线应紧压在端子里面，铜线芯不要暴露在外面，且接线端子不能压到绝缘层，否则会引起接触不良，导致设备无法供电或信号传递错误等情况出现。

5. 设备上电

设备在正式集成调测前，需要先对其连接线路再次进行检测。再次检测项目通常包括短路检查、断路检查、对地绝缘检查。为保证完整检查，最好是使用万用表的通断挡位进行逐根线路的检查。在确认线路无短路、断路且对地良好情况后，需要对设备的供电电压进行检查，明确是否符合设备的供电要求，是否有将电源正负极反接的情况，避免对人员造成不必要的伤害和对设备造成不可逆的损坏。

可根据不同设备的说明来甄别设备是否上电。例如，感知网设备在完成上电后，通常会有初始化和呈现各个模块自检的过程，在通过自检或初始化成功后会有提示，如蜂鸣器鸣叫一声或指示灯就位亮起等。上电后，可以用万用表测量关键设备的电压值，查看是否供电正常。若上电后出现异常情况，如蜂鸣器不停鸣叫或指示灯不亮，或者 LCD 显示"Err"等情况，需要对照感知设备的相关文档进行逐项排查处理：确认固件烧写是否完好、初始电压是否正常、提供的供电电压电流是否符合模块要求、是否存在模块连接松动等问题。也可以采取模块化地逐一排除法加以排查处理。排除故障后可再重新上电检测。

6. 设备调测

上电步骤完成后,可对设备进行单机调测以保证设备正常运行,然后由子系统至项目系统集成调测。不同设备调测使用的调测工具需根据设备特性进行选取,包括万用表、原厂调测工具或第三方通用调测工具等。集成调测主要是以实现项目需求和设计的功能为目的,确保项目设备的正确安装。

二、物联网系统部署知识

物联网系统部署一般包含服务器操作系统、数据库以及应用程序的部署。操作系统作为物联网系统的核心,具有屏蔽物联网的碎片化,为应用程序提供统一编程接口的特点,在为用户提供可操作界面的同时,实现系统内部应用程序的有效管理,控制硬件设备的运行,保证系统的稳定高效。为了更加合理地存储调度物联网数据资源,在采用数据库的方式满足组织数据的同时,保证数据的独立性,高效处理和获取数据。数据库管理系统可分为关系型数据库与非关系型数据库。应用程序为物联网系统提供了全面适时的定制化内容,主要用于完成某类特定任务,以软件程序界面的形式进行交互。

(一)服务器系统搭建知识

操作系统作为物联网系统不可或缺的组成部分,是服务器系统在应用领域的延展和扩充。通过管理控制服务器资源,包括软硬件设备、数据信息等,实现服务器工作流程的有效规划和设计,减少对服务器的人为干预,提升服务器的自动化水平,更加合理化调度以及科学管理服务器资源,生动化展示操作系统功能,提供便捷的操作方式,降低服务器操作难度,满足多层面、多用户的任务需要。

操作系统的安装包括物理机安装与虚拟机安装两种方式。虚拟机安装是利用软件模拟的方式,硬盘和内存部分用于模拟出一台甚至多台虚拟机服务器。模拟服务器系统运行在完全隔离的环境中且拥有完整的硬件系统功能,打破了物理端计算软件与硬件间的耦合关系,一台虚拟机的执行并不影响另一台虚拟机的操作性能。引入了抽象化的服务器操作系统概念，虚拟机内部系统可实现所有服务器操作，比如应用程序的安装、网络资源的访问、操作数据的保存等，并且现有系统与虚拟系统间可自由切换。物理机是相对于虚拟机而言的统称，指的是现实存在的，能够实现指定功能的物理设备，亦称为"宿主机"或"寄主机"。物理机的安装可采用U盘、光驱等辅助工具固化镜像，作为安装系统的启动盘使用。

目前的服务器系统主要分为四大类：Windows Server 服务器操作系统、Netware 服务器操作系统、Unix 服务器操作系统和 Linux 服务器操作系统。本节主要讲解 Windows Server 服务器操作系统与 Linux 服务器操作系统的搭建要点。

1. 系统分区

系统分区主要是对格式化的硬盘进行逻辑上的划分，由于 Linux 分区格式是将根目录（/）作为唯一的文件结构，且每个分区都是文件系统一部分，因此文件系统包含了整个文件和目录。Windows Server 服务器操作系统分区采用字母标识符作为盘符，用于指定分区文件以及目录。在搭建操作系统时，根据使用需求完成硬盘的规划与划分，结合安装的操作系统规划操作系统硬盘的大小，满足操作系统、应用程序与数据文件的空间存储需求。应考虑主分区、扩展分区以及逻辑分区的功能：主分区具有激活的功能，通常用于安装、引导操作系统；扩展分区自身并不具备存放数据功能；逻辑分区是由扩展分区划分而来，依附于扩展分区之下的空间。硬盘分区时需以合理适当为原则，保证系统盘拥有足够的容量，根据系统文件的使用情况确认分区的大小以及分区的数量。并且参与虚拟机安装时，内存的分配要结合实际内存的大小合理分配，若分配不当将会导致虚拟机运行速度滞缓。虚拟机的磁盘大小设置与物理机分区一样，容量太小甚至会影响操作系统的搭建。

2. 文件系统选用

文件系统即为磁盘格式，总体结构包括文件命名、存储与组织。Linux 和 Windows 的文件系统不同。目前 Windows 操作系统常用的有 FAT16、FAT32 和 NTFS 三种文件系统；与 Windows 相比，Linux 可原生处理更多类型的文件系统，除了默认的 Ext2、Ext3、Ext4 文件系统外，也支持 FAT16、FAT32 和 NTFS 类型。Linux 常见文件系统见表 3-2。

表 3-2　　　　　　　　　　　　Linux 常见文件系统

文件系统	描述
Ext	扩展文件系统，Linux 最早的文件系统，性能与兼容性存在缺陷，目前极少使用
Ext2	第二扩展文件系统，Ext 文件系统的升级版本，最大支持 16 TB 的分区和 2 TB 的文件
Ext3	Ext2 文件系统的升级版本，引入记录元数据的日志功能，最大支持 16 TB 的分区和 2 TB 的文件
xfs	全 64 位，快速、稳固的日志文件系统，支持超大数量的文件
NFS	网络文件系统，本地主机可以通过挂载方式共享同一文件系统
NTFS	与 Windows 的 NTFS 文件系统一致，提供网络与硬盘配额、文件加密等安全管理特性设计
FAT	与 Windows 的 FAT16 文件系统一致
VFAT	与 Windows 的 FAT32 文件系统一致，最大支持 32 GB 的分区和 4 GB 的文件
proc	基于内存的虚拟文件系统，亦称为伪文件系统，用于管理内存存储目录 /proc
sysfs	同样基于内存的虚拟文件系统，用于管理内存存储目录 /sysfs

3. 密码设置

密码设置是服务器操作系统安装的重要环节。在启动操作系统过程中，系统会自动引导，提示输入创建用户名与密码，用于防止非法用户使用服务器系统，预防数据的丢失，以及非本地用户的入侵。对于安全的操作系统来说，建议每三个月进行一次密码的更换。对于密码的设置，操作系统有各自的策略，以 Windows Server 2019 操作系统为例，默认密码设置必须为 8 位及以上，且包含以下四个类别当中的三个：大写英文字母 A～Z；小写英文字母 a～z；基本的 10 位数字 0～9；特殊字符，例如，"@""%""&"等。

4. 防火墙

为保证服务器操作系统的内部网络安全，抵御非法用户的恶意攻击，需要对用户的数据访问交换行为进行有效的监控。可在服务器操作系统搭建过程中开启防火墙功能，作为内部网络与外界网络之间的防御系统，可在允许授权用户数据访问的同时记录非法用户的访问来源。

以"在 Ubuntu 18.04 操作系统下,开启防火墙"为例。由于默认情况下 Ubuntu 系统的防火墙处于"不活动"状态,可参考以下步骤完成防火墙的启动:

(1)使用"sudo ufw status"确认当前防火墙状态。

(2)通过"sudo ufw enable"命令启动防火墙。

防火墙启动后,使用默认规则配置文件,若需指定防火墙允许某些端口放行或禁止的规则,可利用"ufw allow"命令。命令语法格式见表 3-3。

表 3-3　　　　　　　　　　　ufw allow 命令语法格式

语法格式	常用参数	
sudo ufw [allow/deny] <port>/<protocol>	<port>	端口号
	<protocol>	协议
sudo ufw [allow/deny] from <ip address>	<ip address>	IP 地址或网段
sudo ufw [allow/deny] from <target> to <destination> port <port number>	<target>	访问源 IP 地址
	<destination>	访问目的
	<port number>	端口号
sudo ufw [allow/deny] from <target> to <destination> port <port number> proto <protocol name>	<protocol name>	协议

(二)系统数据库部署知识

为便于存放文本类型的数据,包括图像、声音等,将数据库作为存放数据的仓库。数据库主要是将数据采用特定的管理方式、数据结构进行存放,既与应用程序关联又自行独立,实现多用户共享数据的同时,用户拥有对数据库内数据的增删改查操作权限。通过设置不同用户的访问权限增加了数据操作的安全性,通过数据库的管理模式提高了数据存储的效率,利用数据表进行分类的存储模式更方便进行数据存取。数据库管理系统指的是具有数据库管理功能的应用程序,主要用于科学组织与存储数据、高效快捷管理与维护数据。由于可提供友好的用户界面实现数据存取、组织和管理等功能,将抽象的逻辑数据转化成具象的物理数据,因此 DBMS 成为数据库系统的核心组成部分。按照不同的数据结构数据库可以分为关系型数据库和非关系型数据库。

1. 关系型数据库

关系型数据库作为目前使用最为广泛的数据库系统,创建在关系模型的基础之上,采用二维表格模型存放结构化数据集,将复杂的数据结构归纳成为简单的二维表格形式。存储的形式可用于反映实体间的关系,主要按照行与列的结构化方法存储数据,并且需先定义数据表结构后再存入数据。市场上主流的关系型数据库包括 MySQL、Oracle、SQL Server、DB2 等,常见关系型数据库具体见表 3-4。

表 3-4 常见关系型数据库

关系型数据库	描述
MySQL	支持大多数 DBMS,具有体积小、速度快、成本低以及源码开放等优势
Oracle	可支持多个实例同时运行,具有兼容性、可移植性、开发性以及高生产性等优势
SQL Server	具备 Web 与电子商务特性,提供高可用和高性能数据应用程序的构建管理功能
DB2	支持所有主流平台运行,具有较好的伸缩性,适用于海量数据存储

2. 非关系型数据库

非关系型数据库不同于关系型数据库的管理方式。它建立在非传统关系数据模型之上,为满足数据快速响应处理以及大量数据的分析需求。与传统的关系型数据库关系模型不同的是,非关系型数据库通常利用数据集的方式将大规模数据进行集中存储,采用键/值、文档型、列存储、图形等非关系模型,可根据数据存储的需求灵活定义数据格式,同时具备高读写性能和灵活的水平扩展性,且一般不支持对数据进行复杂的查询处理。市场上主流的非关系型数据库包括 MongoDB、Redis、Hbase、Neo4j 等。常见非关系型数据库见表 3-5。

表 3-5 常见非关系型数据库

非关系型数据库	描述
MongoDB	采用横向扩展数据库的存储方式,面向文档的开源数据库
Redis	采用键/值存储方式,支持多种数据类型,具有自动故障转移和便于安装的特点

续表

非关系型数据库	描述
Hbase	用于应对分布式存储的列存储数据库,适用于非结构化数据存储
Neo4j	基于图论算法的图形数据库,兼容增删改查功能

各数据库的基本操作命令存在差异,下面以在 MySQL 数据库为例,使用结构化查询语言(structured query language,SQL)介绍数据库的基本操作。SQL 是关系型数据库的标准化语言,同时也是数据库脚本文件的扩展名称,提供创建数据库、增加、查询、修改数据等功能,SQL 语法格式见表 3-6。

表 3-6 　　　　　　　　　　　　SQL 语法格式

操作对象	语法格式	说明
数据库	CREATE DATABASE〈数据库名称〉;	创建数据库
	SHOW DATABASE;	查看所有数据库
	USE〈数据库名称〉;	选择数据库
	DROP DATABASE〈数据库名称〉;	删除数据库
数据表	CREATE TABLE〈数据表名称〉(属性名 数据类型 [完整性约束条件], 属性名 数据类型 [完整性约束条件], …… 属性名 数据类型 [完整性约束条件]);	创建数据表
	DESCRIBE〈数据表名称〉;	查看数据表
	ALTER TABLE〈旧数据表名称〉RENAME〈新数据表名称〉;	修改数据表名称
	ALTER TABLE〈数据表名称〉DROP〈字段名称〉;	删除数据表字段
	ALTER TABLE〈数据表名称〉ADD〈字段名称〉〈数据类型〉;	新增数据表字段

(三)应用程序安装知识

为了解决具体化问题的逻辑实体,采用多种编程语言和集成开发工具进行有序编写而成的代码集合就是应用程序,满足多用户在不同领域的使用需求,因此应用程序与操作系统是相互依存的关系。通过应用程序的使用,可以提高操作系统的通用性与灵活性，扩宽操作系统的使用范围。目前市场上的应用程序根据功能分为系统工具、影音播放、社交工具、生活助手等类型。

（1）系统工具主要用于辅助其他类型的应用程序，包括驱动应用程序、编译器、编辑器等。

（2）影音播放程序指的是以数字信号模式存储视频的应用程序，包括视频播放器、音乐播放器等。

（3）社交工具具有即时、跨平台通讯的功能，如微信、QQ等。

（4）生活助手可以帮助解决日常生活问题，如地图、日历、天气管家等。

各操作系统应用程序安装方式各有不同，为保证规范性完成应用程序的安装，需注意以下事项：

（1）安装应用程序前需确认安装包是否与服务器操作系统位数相同，如服务器操作系统为Windows 10的64位操作系统，应选择对应位数的应用程序安装包进行下载安装。

（2）在安装应用程序前要完成安装路径规划。通常情况下，为避免影响操作系统运行速度，不建议将应用程序安装于系统盘位置，避免运行过程中产生的临时文件导致系统运行滞缓。

（3）若采用安装包的方式进行应用程序的安装，为避免病毒入侵，需确认安装包下载途径安全可靠。

三、物联网系统运行与维护知识

物联网系统运行与维护主要指的是依据制度、流程和文档，通过相关的方法、手段、技术等途径完成对项目软硬件运行环境的管理。在物联网项目完成项目初步验收，且项目实施团队与运维管理部门完成项目交接后，就正式进入了项目运维阶段。运维工作的内容为感知设备、网关、服务器、网络设备、安全设备、数据库、中间件、应用系统软件等项目交付物的检查、监控，软件升级更新，故障处理，安全防护，数据备份。其中包括常规重复性的工作用于防御，也包括突发性故障解决与问题处理。物联网系统运行与维护集中于运行管理与故障管理的功能上，用于实现系统故障的快速定位，确保日常系统运行的稳定性。运维工作主要包括设备运行监控、设备故障维护以及系统故障维护三方面。运维工作需要利用运维工具的辅助。常见的运维工具除了日常安装调试所使用的万用表、网络检测器等硬件工具外，还包括运维综合管理平台、运维监控告警工具、运维流程管理工具等软件工具。

（一）设备运行监控知识

设备运行监控是指通过运维工具针对终端设备、网关、服务器、网络设备、网络安全设备等物联网硬件设备的运行状态进行检测、监视和控制，判断设备是否发生故障，并提供详细记录报告。

物联网设备运行监控主要负责日常设备运行监控和管理维护，并记录日常监控和检查情况，以及针对设备故障、疑难问题排查处理，总结编制故障问题与解决方案，定期提交汇总报告。通过对设备的监控，快速响应设备应急方案，确保系统的 7×24 h 持续运作能力。目前物联网设备运行监控主要采用现场巡检配合远程监控的方式实现。

1. 现场巡检方式

物联网项目在运维期间需定期或不定期前往设备现场进行巡检。现场巡检主要以预防为目的，用于日常检查与定期检查。巡检人员在不影响系统正常运行的情况下，利用现场观察设备的磨损规律，使用万用表、网线检测器、ZigBee 信号检测仪、串口调试助手等软硬件工具，获取应用系统数据以判断设备是否正常运行，并记录至巡检记录表中。巡检记录表见表3–7。通过现场巡检的方式可在设备发生故障前有计划地进行设备检修，不仅有利于设备日常的维护与管理，而且提高了设备的有效利用率，缩短了设备故障维修周期。

表3–7　　　　　　　　　　巡检记录表

序号	巡检内容	结果	异常记录	巡检时间	巡检人员

2. 远程监控方式

远程监控方式通常采用设备运维监控和告警工具对设备进行监控，实际是对设备相关信息的采集、分析和处理的过程。数据采集模式是在设备上建立状态监测点，通常分为轮询类、主动推送类两种，采集过程通过设备接口上运行的通信协议实现。部分设备采用一些通用协议，常见协议如简单网络管理协议、Modbus 通信协议等，部分设备采用厂商独立协议。设备运维监控和告警工具可以自行编程开发或者直接采用第三方工具。利用设备信息的采集分析判断设备运行的异常情况，并预测设备的使用寿命。

（二）设备故障维护知识

设备故障是指物联网系统中由于部分元器件功能失效导致的整个系统平衡性失调，甚至引发系统无法执行规定功能的情况。设备的故障维护主要是通过对设备故障状况信息进行采集与分析，明确设备运行情况，分析故障原因以及后续的发展趋势，并且根据获取信息制定故障处理方案，排除并解决故障。故障通常不能单纯地用一种类别去界定，往往是复合型的。设备故障的维护是通过人为干预将设备从故障状态恢复到正常运行状态。针对物联网设备故障的性质，一般分为以下几种类型：

1. 损害性故障

设备长时间使用后运行状态逐渐衰减，出现老化甚至严重故障导致无法正常发挥功能，甚至维修也无法恢复至正常运行状态。常见损害性故障包括网线故障、光模块损坏、显卡故障、端口损坏、物联网中心网关供电故障等。

2. 预告性故障

某些设备故障的产生除了与个体设备的状态存在关联外，与运行时间也存在密切的关系。预告性故障作为潜在的危机，在故障发生前往往伴随着非正常工作现象的出现，包括设备温度偏高、指示灯不亮、配置界面错误提示等。故障一旦出现应及时处理，避免演变为损害性故障。也可采用实时与定期的监控预防此类故障的产生和恶化。

3. 使用性故障

使用性故障不影响设备的安全运行，但是无法满足系统工作的需求，常见的使用性故障包括终端参数配置错误、物联网中心网关配置错误、路由配置错误、路由规则设置错误等。

4. 外部故障

外部故障主要指的是由外力、环境等外部条件，包括信号干扰、供电不稳或不足、信号传输不稳定、网络攻击、极端温度等因素导致的设备故障。

（三）系统运行维护知识

物联网应用系统存在两种模式：浏览器端/服务器端、客户端/服务器端。浏览器端/服务器端模式下，通常将源代码编译为动态链接库文件，主要产物为 Web 应用程序部署，需依赖于浏览器完成运行，无须安装其他附加软件，因此具有较强的跨平台使用能力。客户端/服务器端采用软件系统体系结构，利用客户端与服务器端的硬件环境完成系统任务的分配，降低了系统通信的开销，但系统的扩展与跨平台性能会受到一定限制。因此，目前多数物联网应用系统采用浏览器端/服务器端架构进行开发，物联网系统运行维护也主要针对浏览器端/服务器端架构系统进行运维，包括系统数据备份、系统升级维护、系统故障处理等。

1. 系统数据备份

数据备份主要是为了在系统故障导致数据丢失后，通过特定的数据备份恢复机制实现最大限度地保障应用服务系统运行。作为保护数据的重要方式之一，不仅可以进行数据保护存档，也方便用户进行历史数据的查询、统计与分析。数据备份在操作上有多种方式，可按照更新方式与时间差异进行分类。

（1）按更新方式划分有完全备份、增量备份、差异备份。完全备份是将所有系统文件包括系统与数据全部备份，不论数据是否发生改变。数据恢复也是一次性即可完成。完全备份可能会导致大量重复数据资源占用磁盘空间，影响服务器通信性能。

增量备份是将上一次备份后更新的部分数据进行备份，恢复时需要全量文件进行恢复。由于数据量很小，备份时间短，对主机的通信性能影响也很小，但数据恢复过程较为烦琐。

差异备份是将第一次备份的差异部分进行备份，差异恢复只需要第一次和最后一次的备份数据即可。与增量备份不同的是，增量备份判断数据更新标准依据的是上一次备份检查点，而差异备份是依据全量备份检查点。

（2）按时间差异划分有同步备份和异步备份。同步备份指的是备份服务器与主服务器的数据同步为实时进行，首先输入/输出写入到主存储，主存储再写到备用存储，备用存储写完后发送确认消息至主存储，主存储再向主服务器发送确认，输入/输出完成，在动作写入存储的同时即可实现备份服务器的实时备份。

异步备份指的是备份服务器与主服务器的数据同步不实时进行，首先输入/输出写入到主存储，主存储发送确认消息给主服务器，完成输入/输出，再向备用存储发送输入/输出请求。异步备份与同步备份的主要区别是操作系统发生一个动作写入存储后，需要存储给到操作系统反馈指令才能够实现同步到备份服务器。

2. 系统升级维护

为缓解系统运行后日益增加的子系统造成操作系统与数据库系统的压力，以及保障系统运行的安全性，可采用硬件系统的升级扩容或软件营业程序的修改升级，用于提高系统运行效率的同时丰富系统的性能与功能。系统升级前需制定明确的升级方案，严格遵循管理流程进行操作。运维人员不得擅自完成升级或改变系统版本操作。系统升级操作需注意以下事项：

（1）完成兼容性检测，检测硬件是否满足升级要求，且目前已安装的应用程序或设备是否会影响系统升级。

（2）完成系统数据备份的同时，确认旧系统数据迁移至新系统后的可用性，避免出现数据字段、结构不统一，导致系统数据的不完整性。

（3）系统升级后对外端口是否与旧系统一致，若不一致需完成对外接口的变更操作。

（4）系统升级期间会出现业务暂停情况，为避免系统升级导致业务异常，选择无业务或业务较少时间段进行系统升级操作。

3. 系统故障处理

系统在运行过程中出现无法执行规定功能状态后需进行系统故障处理，以保障系统稳定、连续运行为主要目的，迅速完成系统故障定位并应急恢复系统运行。系统故障多种多样，故障现象不尽相同，因此需有一定的故障处理思路。系统故障处理应注意以下事项：

（1）确认是否有提前制定对应的应急方案，若存在可直接执行预案，如果故障情况复杂需进一步排查。

（2）故障发生后需明确故障是否为偶发性、是否存在操作变更、是否可严重等信息。

（3）若存在故障报错提示信息，可根据提示信息进行故障问题的定位，初步判断问题影响。

（4）通过查阅对应日志文件，或利用日志分析工具，完成操作审计、访问统计以及异常事件回溯，便于快速确定故障原因。

思考题

1. RFID 依据载波频率可分为哪几类？
2. NFC 的运行频率是多少？
3. NFC 的工作模式有几种？分别是什么？
4. 常用的一维码的码制是什么？
5. 二维条码根据不同的编码方式可以分为几种？分别是什么？
6. 北斗三号空间段共有多少颗卫星？分为几类？每类各有多少颗卫星？
7. 负责北京时间的中国科学院国家授时中心地址在哪里？
8. 物联网四层体系结构自下向上依次是什么？
9. 物联网应用层可以分为几个部分？
10. CAN 总线的隐性电平和显性电平表示逻辑电平的值是什么？
11. 物联网系统部署一般包含哪三个方面的内容？
12. 物联网设备故障的性质分为几种类型？分别是什么？

第四章
数字技术知识

数字技术（digital technology）是一项与电子计算机相伴相生的科学技术，它是指借助一定的设备将各种信息，包括图、文、声、像等，转化为电子计算机能识别的二进制数字"0"和"1"后进行运算、加工、存储、传送、传播、还原的技术。数字技术的应用有以下几类：

通信技术：移动通信（2G/3G/4G/5G）、Wi-Fi技术、物联网技术。

网络技术：SDN、VPN、宽带接入、以太网、光网络等。

云计算技术：虚拟化技术、编排技术、存储技术、高性能处理器等。

智能化技术：人工智能、机器学习、机器视觉、语音识别等。

自动化技术：无人机、无人驾驶技术等。

安全技术：防攻击预防、区块链技术、加密和解密等。

软件技术：各种提升效率的软件。

大数据技术：数据采集、挖掘、分析等。

传感器技术：微机电系统（MEMS）、无线传感器网络（WSN）等。

计算机技术：CPU、GPU、DPU等。

本章共三节，主要讲解数字技术的基础知识，分别阐述了分布式数据存储、数据挖掘与建模技术和机器学习技术。

第一节着重阐述了分布式数据存储的定义、工作原理和优点；第二节着重阐述了数据挖掘、数据建模和数据挖掘建模知识；第三节着重阐述机器学习基础知识和机器学习分类知识。

第一节 分布式数据存储

本节前半部分对分布式数据存储技术和工作原理进行讲解；后半部分通过三个存储故事对分布式数据存储的特点进行讲解。

考核知识点及能力要求：
- 了解外挂存储的几种连接方式。
- 了解分布式数据存储中纵向扩展和横向扩展的特点。
- 了解分区、查询路由和复制的原理。
- 了解分布式存储的优点。

一、分布式数据存储概述

在学习分布式存储前，需要先了解什么是存储技术。

（一）存储技术

通俗地讲，存储就是存储数据的设备。我们日常生活中的笔记本电脑或台式计算机内部的硬盘就是一种内部存储介质。对于企业来说，把大量重要数据存储在个人计算机里是不现实的。所以在早期，企业选择将数据存储在公司内部服务器的硬盘里，这样做的好处是数据可以集中管理，并且通过数据保护技术，如磁盘阵列（redundant arrays of independent disks，RAID）技术实现硬盘故障数据不丢失，多块硬盘并发读写等高级特性。但随着数据量的不断增加，单台服务器的容量逐渐无法满足大量数据的存储需求。于是考虑将服务器的计算职责与数据存储职责分开，采用外挂的独立存储设备存储数据。服务器要进行计算，就通过网络从外挂存储上读取设备。至此，存储设备真正作为IT系统建设中的一个重要组成部分出现了。

外挂存储根据连接方式的不同有直连式存储（direct-attached storage，DAS）和网络化存储（fabric-attached storage，FAS）两种。网络化存储根据传输协议又分为网络附属存储（network-attached storage，NAS）和存储区域网（storage area network，SAN）。外挂存储分类示意图如图4-1所示。

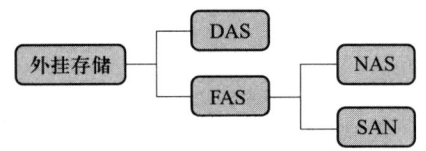

图4-1 外挂存储分类示意图

在20世纪90年代之前，由于存储需求有限，外部存储多采用DAS方式。这种方式目前在很多中小企业中依然很常见，PC中的硬盘只有一个外部SCSI接口的磁盘连续捆束阵列（just a bunch of disks，JBOD）都属于DAS架构。DAS一般使用专用线缆（例如SCSI）连接到服务器内部总线上，存储设备只与一台独立的主机连接，如图4-2所示。DAS的好处是连接简单、易于配置且安全、可靠，费用低，但扩展能力差且无法共享。

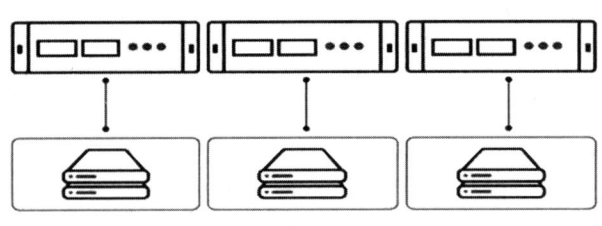

图4-2 DAS示意图

为了解决外部存储共享和扩展的问题，NAS和SAN存储相继出现。NAS通常是指为用户提供文件存储服务的共享网络存储。NAS的出现大大提高了存储的安全性、共享性并降低了成本。但是I/O（输入/输出）渐渐成为性能瓶颈。为了解决这个难题，出现了SAN。SAN是在NAS的基础上做的演进，它通过专用光纤通道交换机访问数据，如图4-3所示。

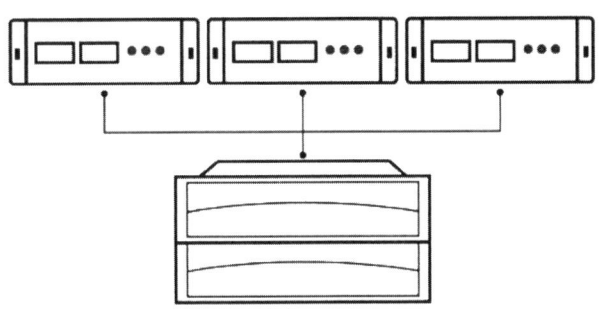

图 4-3 SAN 示意图

如果 SAN 可以理解成一块网络硬盘的话，NAS 基本上已经像一台独立的服务器了。NAS 和 SAN 共享网络存储，极大地提高了存储资源的利用率，统一集中的管理模式大幅降低了存储运维成本，提供了丰富的企业级存储解决方案。但 NAS、SAN 存储也有自己的缺点，其主要性能受控制器的影响，虽然在扩展能力方面相比 DAS 有了明显提升，但仍然有限，面对 PB 级以上的需求就无能为力。

随着互联网行业的发展，人们对存储的需求越来越大，采用集中式的存储成为数据中心系统的瓶颈，不能满足大规模存储应用的需要。受益于服务器技术的发展和成熟，分布式存储开始出现并被广泛应用。分布式存储就是将数据分散存储到多个存储服务器上，并将这些分散的存储资源构成一个虚拟的存储设备，如图 4-4 所示。分布式存储的好处是提高了系统的可靠性、可用性和存取效率，还易于扩展。

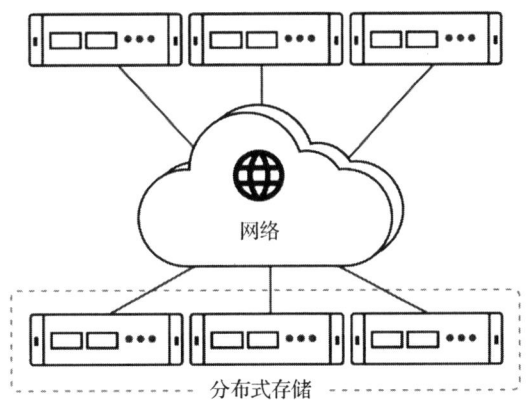

图 4-4 分布式存储示意图

简单来说，分布式存储就是存储设备分布在不同的地理位置，数据就近存储，将数据分散在多个存储节点上，各个节点通过网络相连，对这些节点的资源进行统一管理，从而大大缓解带宽压力，同时也解决了传统的本地文件系统在文件大小、文件数量等方面的局限性。

为了便于理解，这里打个简单的比方。我们可以将数据比作货物，存储比作拉货的卡车，直连存储相当于用普通货车拉货。随着存储需求的逐渐增多，为了提升拉货的效率，我们就要不断地对卡车进行升级，使其变成更大型的货车才能满足需求，这种扩展就相当于纵向扩展（scale up）方式，如图4-5所示。

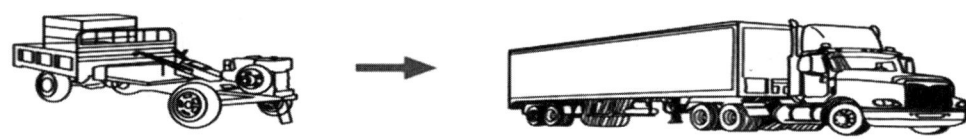

图4-5　纵向扩展方式示意图

纵向扩展的优势是扩展简单，成本增长较慢，但是扩展能力有限，很难满足大容量存储的需求。于是随着业务量的持续增长，扩展单机能力已经不能解决当前的问题，需要横向扩展（scale out），这就是分布式存储系统。分布式存储就像将拉货的普通货车，改成一节一节连接起来的火车，如图4-6所示。当不能满足存储需求的时候，我们只需要添加一节的车厢即可。

图4-6　横向扩展方式示意图

分布式系统的出现让企业客户可以用普通的服务器完成单个计算机无法完成的计算、存储任务。也就是说，企业用户可以利用更多的普通机器，处理更多的数据。

（二）工作原理

分布式数据存储的工作原理比较复杂，具体的技术实现不用太关注，我们仅从应用程序开发人员角度来看,与分布式数据存储相关工作主要有分区、查询路由和复制。

1. 分区

数据集往往太大,无法存储在一台机器上。为了克服这个问题,需要将数据划分为较小的子集,让单台机器可以存储和处理。有许多方法可以对数据进行分区,每一种方法都各有其自身的优劣势。目前应用的两个主要方法是垂直分区和水平分区,如图 4-7 所示。

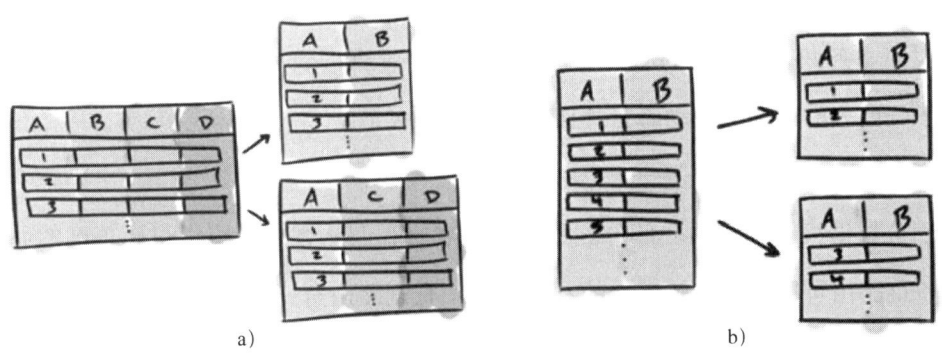

图 4-7 分区方法
a)垂直分区 b)水平分区

垂直分区是指按相关字段分割数据。字段可以因为许多原因而相关:它们可能是一些共同对象的属性,也可能是经常一起被查询的字段,甚至可能是以类似的频率或由具有类似权限的用户访问的字段。在机器上垂直划分数据的确切方式最终取决于数据存储的属性和要优化的使用模式。

水平分区(也称水平分片)是指将数据分割成具有相同模式的子集。例如,我们可以通过将行分组来对一个关系数据库表进行水平分区,以便将其存储在不同的机器上。当一台机器无法处理数据量或数据的查询负载时,我们就可将数据分区。水平分区的策略为算法分区和动态分区,如图 4-8 所示,但也存在混合型。

算法分区是根据数据键值的函数来确定将数据分配到哪个分区。例如,在存储将 URL 映射到 HTML 的键值数据时,我们可以通过根据 URL 的第一个字母分割键值来对数据进行范围分割。如所有以 A 开头的 URL 将被放在第一台机器上,B 开头的被放在第二台机器上,以此类推。有无数的策略,都有不同的权衡。

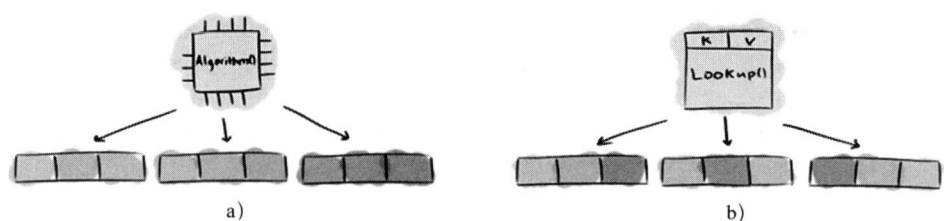

图 4-8 分区方法示意图
a）算法分区　b）动态分区

动态分区明确地选择了数据的位置，并将该位置存储在一个查询表中。要访问数据，我们要咨询有查询表的服务或检查本地缓存。查询表可能相当大，因此它们可能指向子查询表的查询表。动态分片比算法分区更灵活。

2. 查询路由

划分数据只是工作的一部分。我们仍然需要查询从客户端路由得到正确的后端机器。查询路由可以发生在软件栈的不同层次。查询路由有三种基本情况：

（1）客户端分区是指客户持有要查询哪个后端节点的决策逻辑。其优点是概念简单，缺点是每个客户端必须实现查询路由逻辑。

（2）基于代理的分区是指客户端将所有的查询发送给一个代理，然后这个代理决定查询哪个后端节点。这可以帮助减少后端服务器上的并发连接数，并将应用逻辑与路由逻辑分开。

（3）基于服务器的分区是指当客户端连接到任何后端节点时，该节点将处理、重定向或转发该请求。

在实践中，查询路由是由大多数分布式数据存储处理的。通常情况下，需要配置一个客户端，然后使用客户端进行查询。

3. 复制

复制意味着存储同一数据的多个副本，这样做有如下好处：

（1）数据冗余。当硬件不可避免地发生故障时，数据不会丢失，因为有另一个副本。

（2）数据可访问性。客户可以从任何副本访问数据。这增加了对数据中心故障和网络分区的恢复力。

(3)增加阅读量。有更多的机器可以为数据提供服务,因此整体容量更高。

(4)减少了网络延迟。客户端可以访问离它最近的副本,减少了网络延时。

数据复制的地点从数据中心内到跨区、跨地区甚至跨大陆不等。通过近距离复制数据,我们可以最大限度地减少机器之间更新数据时的网络延迟;通过进一步复制数据,我们可以防止数据中心故障、网络分区,并有可能减少读取的网络延迟。当数据被复制时,可以是同步的或异步的:

同步复制是指在响应请求之前将数据复制到所有的副本,这样做的好处是确保各复制体的数据相同,但代价是写入延迟较高。

异步复制意味着在响应请求之前,数据只存储在一个副本上,这样做的好处是写入速度快,缺点是数据一致性较差,可能会出现数据丢失。

二、分布式数据存储特点

(一)三个存储故事

1. 故事一

山上有个小村庄,村庄边上有一道泉。山泉就是村民的生活用水,每日村民到村庄边上的山泉处担水。因泉流缓慢,装满一桶须等待,但村民一天取水正好够装满几个大缸。这几个大缸的水不多不少,正好够村民生活使用。无论夏日酷热,冬日严寒,任村民洗衣、炊饮,泉水从未间断,村民自感生活满足。

故事背后的概念解析:这个阶段称为信息孤岛时代,所有的数据信息以孤岛的形式存储在某个存储集群上,就如同村民们日常取水的山泉。村民们虽然有获取水的途径,但途径单一,就如同传统的NAS存储,由于数据采集融合技术的缺失,往往依靠供应厂商研发数据接口才能实现数据互通。正因如此,使用者的主要精力依然停留在数据架构、技术平台、数据输出等技术工作上,无法理顺数据应用的发展路径,挖掘不到数据的真正价值。

2. 故事二

村庄换了个有责任心的村主任,想带大家走上致富之路。自此,村庄不仅每天用水清扫清洁,还开始大面积种花、种菜、种粮食,而这都需要用水,单靠村庄边上的那道泉是不行的。村主任带领大家凿了几口井并挖了一个小型水库，每天使用抽水机将井水抽到小水库中，保持小水库每日不满不盈。

故事背后的概念解析：这个阶段称为信息融合时代，村民们凿井、建小水库、种植的整个过程，正如同信息融合时代将数据采集、数据储存、数据处理到数据应用等环节串联起来的特征。村民们逐渐意识到了建设小水库就是资源共享平台的价值。信息融合时代的特征是超融合技术，供应厂商的超融合系统支持了用户从存储系统中开采数据，源源不断地获取所需要的数据，并建立数据关联，输出结构化数据，让数据有序、安全、可控地流动。

3. 故事三

村庄整洁、美丽，粮食产量也增加，同时也推动村庄村民人数和外来游客的数倍、数十倍增加，人数增加又带来了用水问题。村主任与众人商议后决定：村庄周边十几里外有几条河流环绕，将这几条河流引流到村庄并建一个大型水库。这是一个大工程，好在也不差人手，说干就干，挖渠、引流、建坝，数年之后，一片大湖呈现在村民面前。村主任再让人在湖边开渠（数据接口），引流到村庄炊饮、洗衣；还在湖边架抽水机（数据接口），引流到田里种花、种菜、种粮食；在湖里养鱼养虾（AI应用）。随着种地、养鱼虾，村民年年富足，多年之后，围绕村庄的湖形成了一座新城。

故事背后的概念解析：这个阶段称为数据湖时代，数据湖实现了把不同种类的数据汇聚到一起的目的，而分布式存储则是数据湖时代下最终的存储选择，大公司们通过分布式存储来满足性能、容量、可靠性的种种要求，不断扩展着自己的数据湖规模。大数据时代，数据湖不仅满足各种接口（对象接口、块接口、大数据接口、流媒体及文件接口等）应用，同时加速人工智能等增值应用的落地。

（二）优点

分布式存储往往采用分布式的系统结构，利用多台存储服务器分担存储负荷，利用位置服务器定位存储信息，这样的分布式结构不但提高了系统的可靠性、可用性和存取效率，还易于扩展，将通用硬件引入的不稳定因素降到最低。

1. 高性能

一个具有高性能分布式存储的系统结构通常能够高效地管理读缓存和写缓存，并且支持自动的分级存储。分布式存储通过将热点区域内数据映射到高速存储中,来提高系统响应速度;一旦这些区域不再是热点,那么存储系统会将它们移出高速存储。写缓存技术则可配合高速存储来明显改变整体存储的性能,按照一定的策略,先将数据写入高速存储,再在适当的时间进行同步落盘。

2. 支持分级存储

由于通过网络进行松耦合链接,分布式存储允许高速存储和低速存储分开部署,或者以任意比例混布。在不可预测的业务环境或敏捷应用情况下,分层存储的优势可以发挥到最佳,解决了目前缓存分层存储最大的问题,当性能池读操作无法命中后从冷池提取数据的粒度太大,导致延迟高,从而造成整体性能的抖动问题。

3. 多副本的一致性

与传统的存储架构使用磁盘阵列模式来保证数据的可靠性不同,分布式存储采用了多副本备份机制。在存储数据之前,分布式存储对数据进行了分片,分片后的数据按照一定的规则保存在集群节点上。为了保证多个数据副本的一致性,分布式存储通常采用的是一个副本写入、多个副本读取的强一致性技术,使用镜像、条带、分布式校验等方式满足用户对于可靠性的不同需求。

在读取数据失败时,系统可以通过从其他副本读取数据,重新写入该副本进行恢复,从而保证副本的总数固定;当数据长时间处于不一致状态时,系统会自动重建恢复数据,同时用户可设定数据恢复的带宽规则,最小化对业务的影响。

4. 容灾与备份

在分布式存储的容灾中,一个重要的手段就是多时间点快照技术,使得用户生产系统能够实现一定时间间隔下各版本数据的保存。特别值得一提的是,多时间点快照技术支持同时提取多个时间点样本同时恢复,这对于很多逻辑错误的灾难定位十分有用,如果用户有多台服务器或虚拟机可以用作系统恢复,通过比对和分析,可以快速找到哪个时间点才是需要回复的时间点,降低了故障定位的难度,缩短了定位时间。这个功能还非常有利于进行故障重现,从而进行分析和研究,避免灾难再次发生。多副本技术、数据条带化放置、多时间点快照和周期增量复制等技术为分布式存储的高可靠性提供了保障。

5. 弹性扩展

得益于合理的分布式架构，分布式存储可预估并且弹性扩展计算、存储容量和性能。

6. 存储系统标准化

随着分布式存储的发展，存储行业的标准化进程也不断向前推进，分布式存储优先采用行业标准接口进行存储接入。在平台层面，通过将异构存储资源进行抽象化，将传统的存储设备级的操作封装成面向存储资源的操作，从而简化异构存储基础架构的操作，以实现存储资源的集中管理，并能够自动执行创建、变更、回收等整个存储生命周期流程。基于异构存储整合的功能，用户可以实现跨不同品牌、介质实现容灾，如用中低端阵列为高端阵列容灾、用磁盘阵列为闪存阵列容灾等，从侧面降低了存储采购和管理成本。

第二节　数据挖掘与建模技术

本节前面部分通过挑选西瓜的例子对数据挖掘知识进行讲解，包含数据挖掘的应用方向和流程等；中间部分对数据建模知识进行讲解，包括建模的意义和用途，以及建模流程等；后面部分对数据挖掘建模知识进行讲解，包含数据挖掘建模的常用工具等。

考核知识点及能力要求：

- 了解数据挖掘的概念和意义。
- 掌握数据挖掘的流程。
- 了解数据建模的概念和意义。

- 掌握数据建模的流程。
- 了解数据挖掘建模工具。

一、数据挖掘知识

（一）数据挖掘概述

1. 西瓜的好坏

数据挖掘就是从大量的、不完全的、有噪声的、模糊的、随机的实际应用数据中，提取隐含在其中的、人们事先不知道的但又是潜在有用的信息和知识的过程。这样听起来比较抽象，我们举 2 个例子：傍晚小街路面上沁出微雨后的湿润，和煦的微风吹来，抬头看看天边的晚霞，明天又是一个好天气；走到水果摊旁，挑了个根蒂蜷缩、敲起来声音浊响的青绿西瓜，心里期待着享受这个好瓜，如图 4-9 所示。

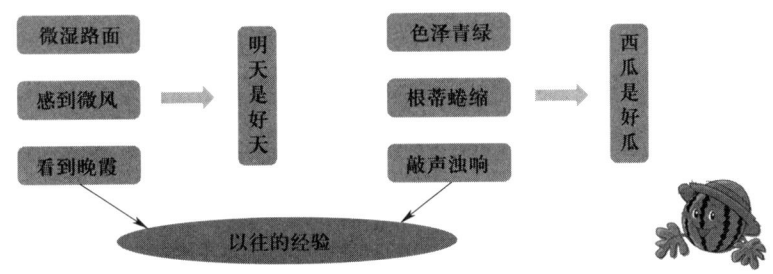

图 4-9　根据以往的经验得到的结果

由路面微湿、微风、晚霞得出明天是个好天气；根蒂蜷缩、敲声浊响、色泽青绿推断出这是个好瓜。显然，我们是根据以往的经验对未来或未知的事物做出预测，让机器帮我们做这些预测，就是数据挖掘。

"经验"通常以"数据"的形式存在，数据挖掘的任务就是从历史数据（之前挑瓜的经历，注意是经历还不是经验）中挖掘出有用的"知识"，也就是所谓的"模型"（将经历转换为经验了），在面对新情况时（需要挑选西瓜），模型就可以用来预测（是不是好瓜）。

用简单通俗的数学语言来说，数据挖掘建模任务的本质就是：根据一些历史已有的、从输入空间 X（如 {[色泽青绿；根蒂蜷缩；敲声浊响]，[色泽乌黑；根蒂蜷缩；敲声沉闷]，[色泽浅白；根蒂硬挺；敲声清脆]}）到输出空间 Y（如 {好瓜，坏瓜，坏瓜}）的对应，找出一个函数 f 来描述这个对应关系，这个函数就是我们要的模型。有了模型之后再做预测就简单了，也就是拿一套新的 x，用这个函数算一个 y 出来。西瓜数据的输入和输出结果见表 4–1。

表 4–1　　　　　　　　　　西瓜数据的输入和输出结果

编号	数据			结果断定（好瓜或坏瓜）
	色泽	根蒂	敲声	
1	青绿	蜷缩	浊响	好瓜
2	乌黑	蜷缩	浊响	好瓜
3	青绿	硬挺	清脆	坏瓜
4	乌黑	稍蜷	沉闷	坏瓜

那么，模型又是怎么建立出来的呢？也就是这个函数是怎么找出来的呢？如果让一个人拥有判断西瓜好坏的能力，需要用一批西瓜来练习，获取剖开前的特征（色泽、根蒂、敲声等），然后再剖开它看好坏。久而久之，这个人就能学会用剖开前瓜的经验来判断瓜的好坏了。对同一个人来说，用来练习的瓜越多，能够获得的经验也就越丰富，以后的判断也就会越准确。

用机器做数据挖掘是一样的道理，我们需要使用历史数据（用来练习的瓜）来建立模型，而建模过程也被称为训练或学习，这些历史数据称为训练数据集。训练好了模型以后，好像发现了数据的某种规律，就可以拿来做预测了。也就是说，数据挖掘是用来做预测的，而要做到这种预测，需要有足够多已经有结果的历史数据作为基础。数据挖掘流程如图 4–10 所示。

2. 数据挖掘与数据分析

对于数据挖掘，很多人会认为它和数据分析是一回事。其实从广义上讲，两者有交集，在技术和范畴上有很相似的地方，只不过，数据分析重在"分析"，而数据挖掘更重"挖掘"。简单地说，数据挖掘就是指从大量数据中提取或"挖掘"知识，也叫作数据中的知识发现。大数据的处理过程如图 4-11 所示。

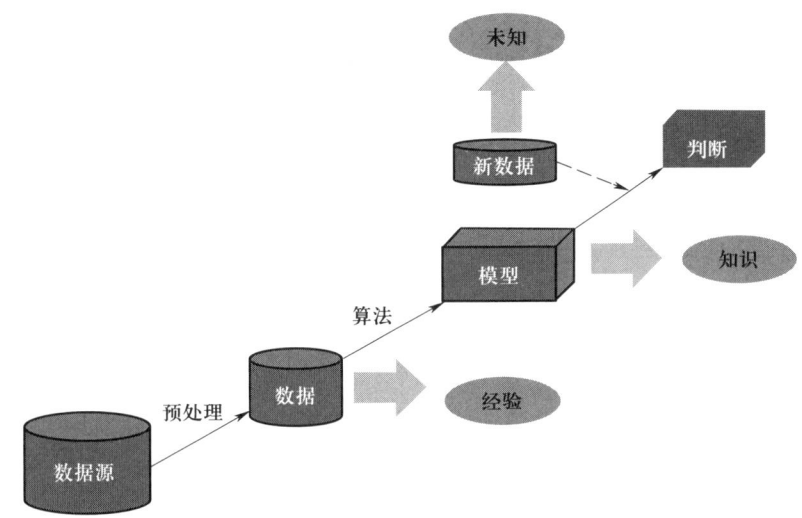

图 4-10 数据挖掘流程

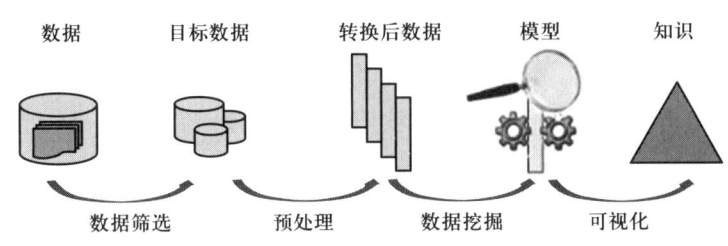

图 4-11 大数据处理过程

从图 4-11 中可以看出，数据挖掘是一个过程结果的称谓，即主要目标是从数据中挖取隐藏的信息。它是一个交叉科学领域，受多个学科影响，包括数据库系统、统计、机器学习、可视化和信息科学等。

3. 数据挖掘的意义

有需求的地方就会产生新的发明，每一项新技术的诞生都是顺应时代的发展产物。数据挖掘也是信息技术自然演化的结果。

从 20 世纪 60 年代开始，人们就开始有了数据收集和数据库创建的意识，随后的 70 年代逐渐建立起了数据库管理系统，80 年代至今则逐渐演化出了高级数据分析和 Web 数据库。

每个人都是数据的使用者和产生者,在日常的工作生活中为互联网行业提供了体系庞大的数据,这些数据被收集、存放在大型数据存储库中。随着大数据时代的到来,人们逐渐意识到沉睡的数据中可能隐藏着巨大的价值。

数据挖掘技术的出现,为提取数据价值带来了一丝契机。数据挖掘的目的就是从数据中"淘金",即从数据中获取智能的过程,它提供了从数据到价值的解决方案——从海量数据中提取出有价值的信息,从而作为决策的重要依据。

（二）数据挖掘的应用方向

数据挖掘可以从技术和商业两个层面定义。从技术层面上看,数据挖掘就是从大量数据中,提取潜在有用的信息和知识的过程。从商业层面看,数据挖掘就是一种商业信息处理技术,其主要特点是对大量业务数据进行抽取、转换、分析和建模处理,从中提取辅助商业决策的关键性数据。对于常见的商业运营问题,从技术角度基本可以转化为以下方向：

（1）分类分析：有监督学习,将数据映射到事先定义的群组或类。典型应用案例：将信用卡使用人群分为低、中、高风险群。

（2）聚类分析：无监督学习,在没有给定划分类的情况下,根据信息相似度进行信息聚类。典型应用案例：对客户行为进行分析,对客户分层进行精准营销。

（3）关联分析：发现事物间的关联规则或称相关程度,常用在交叉销售、交叉分析。典型应用案例：著名的啤酒与尿布故事。

（4）预测分析：用属性的历史数据预测未来趋势。典型应用案例：预测哪些用户在未来半年会流失等。

（5）回归分析：已知的数据预测未来的值,回归不强调数据间的先后顺序。

（6）偏差分析：用来发现与正常情况不同的异常和变化,并进一步分析这种变化是有意诈骗行为还是正常的变化,常用在防欺诈及保险领域。

虽然数据发掘在以上这些应用中涉及的技术和工具各不相同,却可以依据统一的方法论来实行协同作战,解决许多让人头痛的商业问题。

（三）数据挖掘流程

通常一个完整的数据挖掘项目包括业务理解、数据理解、数据准备、预处理和建模、模型评估、模型部署应用，如图4-12所示。

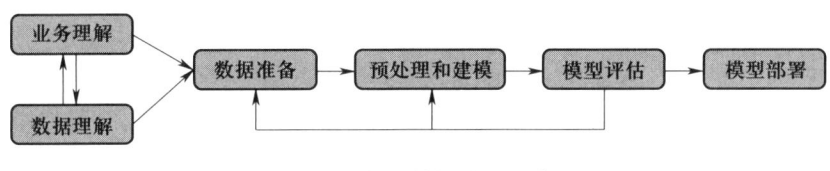

图4-12 数据挖掘流程示意图

1. 业务理解和数据理解

业务理解的主要工作是需求调研、了解商务背景等，明确业务目标和成功的标准。数据理解和业务理解一般是同时进行的，主要内容包括确定建模所需要的数据、描述数据、探索数据、检验数据质量、明确数据挖掘目标和成功标准。这阶段的主要任务就是明确挖掘目标和建模数据，目标和数据都明确以后就可以开始着手准备数据。

2. 数据准备

数据准备的主要工作包括选择数据、清洗数据、构造数据、整合数据、格式化数据等。如果企业的数据仓库建设得比较完善，那么这个步骤的工作就非常简单，只需要做一些数据筛选、表间关联工作即可。反之，如果企业的数据都是一些非常原始的数据，如日志数据、流水数据等，数据准备就比较耗费时间和精力了，需要做很多数据汇总、特征提取的工作。

3. 预处理和建模

预处理和建模环节是整个项目中技术难度最大的部分，通常必须由专业的挖掘工程师来完成。这个阶段的主要工作有样本选取、确定训练样本和测试样本、数据预处理、模型算法技术选型、筛选变量、模型训练、模型测试等。虽然通俗地看，建模就是我们前面说过的在挑瓜过程中积累经验的事情，但实际上针对大量数据时非常复杂。不同类型的数据和不同的预测目标会有不同的积累经验方案，也就是不同的算法。业界有数十种数据挖掘的算法，各有各的适应场景和数据要求以及参数，都需要根据实际情况来选择使用和准备数据并调整参数。

需要理解的是数据预处理是非常有必要的，好的预处理往往比单纯的调参更能提高模型性能；预处理和建模过程并非一次性执行完毕就大功告成了，需要不断地迭代优化，才能获得比较理想的结果。

4. 模型评估和模型部署

模型评估是对模型进行较为全面评价的过程，计算模型的各种指标和模型稳定性等，这样才能判断出建出来的模型是不是足够好。然后再进行模型的业务应用测试，判断是否能实现商业目标。模型合格后，就可以部署应用，即把数据挖掘的成果部署到商业环境，应用于生产活动。

二、数据建模知识

（一）数据建模概述

1. 数据建模的意义

如果把数据看作图书馆里的书，我们希望看到它们在书架上分门别类地放置；如果把数据看作城市的建筑，我们希望城市规划布局合理；如果把数据看作计算机文件和文件夹，我们希望按照自己的习惯有很好的文件夹组织方式，而不是糟糕混乱的桌面，经常为找一个文件而焦头烂额。

数据模型就是数据的组织和存储方法，它强调了从业务、数据存取和使用角度合理存储数据。有了适合业务和基础数据存储环境的模型，大数据会获得以下好处：

（1）性能：良好的数据模型能帮助我们快速查询所需要的数据，减少数据的I/O吞吐。

（2）成本：良好的数据模型能极大地减少不必要的数据冗余，也能实现计算结果复用，极大地降低大数据系统中的存储和计算成本。

（3）效率：良好的数据模型能显著改善用户使用数据的体验，提高数据使用的效率。

（4）质量：良好的数据模型能改善数据统计口径的不一致性，减少计算错误的可能性。

2. 数据建模的定义

现在数据建模还没有一个统一准确的定义，因为站在不同的角度可以有不同的定义。一个大多数人接受的定义是：数据建模指的是对现实世界各类数据的抽象组织，确定数据库需管辖的范围、数据的组织形式等直至转化成现实的数据库。在软件工程中，数据建模是运用正式的数据建模技术，建立信息系统的数据模型的过程。

3. 数据建模的模型

数据模型的类型有很多，可能的布局类型也有很多。在数据处理方面，有三种公认的模型，分别代表模型开发时的思维抽象级别。

（1）概念数据模型。第一级是"全局"模型，表示整体结构和内容，不包含数据计划的详细信息，这是数据建模基本流程中的第一步。企业数据建模也通常从这一级开始，旨在确定各种数据集和整个企业中的数据流。概念模型是开发逻辑模型和物理模型的总体蓝图，也是数据架构文档化的重要内容。

（2）逻辑数据模型。第二级是逻辑数据模型。逻辑数据模型最接近"数据模型"的一般定义，旨在描述数据流和数据库内容。逻辑模型向概念模型中的整体结构添加了详细信息，但不包括数据库本身的规范，因此这种模型可以应用于各种数据库技术和产品。如果项目涉及单个应用或其他受限系统，则可能没有概念模型。

（3）物理数据模型。物理数据模型具体描述如何实现逻辑模型。物理数据模型是数据建模意义的重要体现，物理模型必须包含充足的具有实际意义的详细信息，使技术人员能够在软硬件中创建实际的数据库结构，支持将使用该结构的应用。毫无疑问，物理数据模型专门针对指定的数据库软件系统。如果要使用不同的数据库系统，则可以从单个逻辑模型派生出多个物理模型。

4. 数据建模的用途

数据几乎总是用于两种目的：操作型记录的保存和分析型决策的制定。简单来说，操作型系统保存数据，分析型系统使用数据。前者一般仅反映数据的最新状态，按单条记录事务性来处理，其优化的核心是更快地处理事务；后者往往是反映数据一段时间的状态变化，按大批量方式处理数据，其核心是高性能、多维度处理数据。

通常我们将操作型系统简称为联机事务处理（on-line transaction processing，OLTP），将分析型系统简称为联机分析处理（on-line analytical processing，OLAP）。事务处理系统关注事务的一致性，联机分析系统主要关注数据的批量读写的性能。两个系统的关注点不一样，所以需要进行不同的数据建模。

针对这两种不同的数据用途，如何组织数据，更好地满足数据使用需求，就涉及数据建模问题。即设计一种数据组织方式（模型）来满足不同场景。在分析处理场景中，常用的是使用实体关系模型（ER）来存储，从而在事务处理中解决数据的冗余和一致性问题。在分析处理场景时，有多种建模方式：ER模型、星型模型和多维模型。数据库广义的划分为事务处理和决策支持系统，就是对应着上面的两种系统。事务处理和分析处理只是一种手段而已。

5. 数据仓库

数据仓库是将从多个数据源中收集来的信息以统一的模式存储在单个站点上的仓库。数据仓库提了一个单独的、统一的数据接口，易于决策支持和查询书写。而且，通过从数据仓库里访问用于支持决策的信息，决策者可以保证在线事务处理不受决策支持负载的影响。

数据仓库就是决策系统的数据库。区别于事务处理系统的数据库，数据建模就是为了数据仓库建立而设计模型的过程，或者是为事务系统数据库建立设计模型的过程。

（二）数据建模流程

数据建模是以业务为驱动，基于数据构建科学模型应用于实际去解决问题的过程。这个过程并不以模型构建或者模型落地就终止，而是随着业务推进在不断地循环改进。数据建模的基本流程包含六个步骤：确定分析目标、数据理解、数据预处理、建立模型、模型评估、模型发布与应用，如图4-13所示。

1. 确定分析目标

一切分析的开始都要基于明确的分析目标。不论何种业务场景，在分析前都需要了解好业务背景、业务需求，明确这次分析是为了解决什么业务问题以及分析工作的最核心的需求是什么。

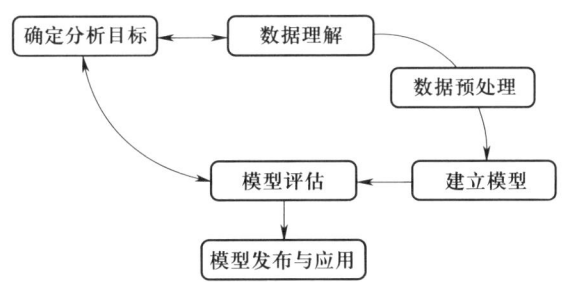

图 4–13　数据建模的基本流程示意图

确定好分析需求后，指定分析框架和项目计划表。分析框架主要包括目标变量的定义、大致的分析思路、数据抽样规则、潜在自变量的罗列、项目风险评估、大致的落地应用方案。

2. 数据理解

数据理解阶段的重点放在数据采集获取上，在工作中就是常说的"提数"。这个过程可以进行一系列的数据探索和熟悉，识别数据质量问题，发现数据的内部属性等，可以初步形成一些对数据的假设。

提数是数据建模的基础工作，也是影响模型输出结论的最重要一步。如果源数据就错了，就不要指望分析结果是对的。

3. 数据预处理

数据预处理也称为数据准备，拿到数据后，需要思考这些数据质量有没有问题以及需要进行怎么样的加工。数据预处理内容有：

（1）抽样分析：数据量特别大的时候就需要抽取部分数据进行检查。

（2）规模分析：常常与抽样分析结合，用以分析某个指标的总体规模。

（3）缺失值处理：灵活运用删除和插值。

（4）异常值处理：一般是直接删除。

（5）数据转换：规范化、压缩分布区间、分组、分箱等。

不过实际中的业务往往会很复杂，甚至业务逻辑更加复杂，使得有些问题的发现和解决往往不是一蹴而就的，需要进行多次尝试，或者在后面的操作中发现问题之后再回过头来处理。

4. 建立模型

数据模型开发的目的是从数据中挖掘有价值的信息,实际生产中比较常见的应用场景有预测、评价、聚类、推荐、异常检测。

根据确定的分析目标,搭建相关的数据模型,这些模型往往都是基于基础模型进行优化改进的,实际中复杂的往往是数据,模型有时候逻辑并不复杂,且复杂的模型在实际中的应用效果很多时候反而没那么如意。在这个过程中也可以对比多个模型,选取表现较好或表现较为稳定的。一些场景的常见应对算法如下:

(1)划分群体:聚类、分类。

(2)购物篮分析:相关、聚类。

(3)预测:回归、时间序列。

(4)推荐:关联分析。

(5)满意度调查:回归、聚类、分类。

5. 模型评估

模型的评估是以分析目标为导向的,是需要模型更快,还是需要模型更准确,还是需要模型的泛化性能更好,抑或是需要模型的稳定性强等,都是建立在一开始确立的分析业务目标的基础之上。

6. 模型发布与应用

到了这一步,要将模型投入实际的业务中应用以产生价值。落地前开发人员要撰写清晰的应用文档以便模型高效实施;落地后跟踪落地效果,及时优化模型及应用方案;最后对数据模型开发项目做好经验总结。当然,到这里还不算结束,还需要对模型的应用效果做及时的跟踪反馈,以便优化更新。数据模型就像一个产品一样,它在生命周期的整个过程中是需要不断更新迭代的,即使业务变了,数据模型的搭建经验也可以迁移到其他业务中去。

三、数据挖掘建模知识

(一)数据挖掘建模概述

数据挖掘建模是指针对现实世界中要解决问题的特定对象,为特定的数据挖掘目的，做出重要的简化和假设，运用适当的数据挖掘工具和其他科学工具获得的模型，然后利用该模型解释特定现象的现实形态，预测对象的未来状况，提供处理对象的优化决策和控制，设计满足某种需要的产品等的过程。数据挖掘建模实际上就是为采用数据挖掘工具解决实际问题，而建立数据挖掘模型的活动过程。

数据挖掘建模在信息技术发展中的重要作用越来越受到科学界和工程界的普遍重视。应用数据挖掘去解决各类实际问题时，建立数据挖掘模型是十分关键的环节，同时也是比较困难的。建立数据挖掘模型的过程，是把错综复杂的实际问题简化、抽象为适合数据挖掘的过程。要通过调查、收集数据资料，观察和研究实际对象的固有特征和内在规律，抓住问题的主要矛盾，建立起反映实际问题的数量关系和结构关系，然后利用相关的理论和方法去分析和解决问题。数据挖掘建模是联系实际问题与数据挖掘的桥梁，是数据挖掘在各个领域广泛应用的媒介，是数据挖掘解决实际问题的主要途径，是一个不断探索、不断创新、不断完善和不断提高的过程。

很多种模型被用来表述情形，但是无论使用哪种模型，都需要它赖以建立的假设，并从中得出结论的估计。当然，数据挖掘的任务就是要估计得越精确越好。对于建模和挖掘而言，在建立解决问题方案的系统中，输入越精确，输出也越精确，如果所输入的资料有重大错误，结果也必然是错误的。

（二）数据挖掘建模工具概述

算法和建模作为数据挖掘工具的核心技术，从诞生之日起就在不断完善。对各种算法的支持程度是衡量数据挖掘工具的一大标准。目前的算法技术已经相当成熟，而主流数据挖掘工具也基本上提供了对主流算法的支持。从算法上看，业界公认的主要有回归分析、聚类分析、神经网络、遗传算法、支持向量机等几大主流算法。

数据挖掘中的建模主要采用数据建模和算法建模，其中更侧重于算法建模。只要是建模，最终到应用时必然有具体的模型，不然建模只能是空谈，数据建模和算法建模的区别在于看它们研究的重点是不是模型的具体形式。数据建模偏重模型形式，算法建模偏重算法设计，这些算法可以基于特定的模型来提升模型的预测等性能。

数据挖掘的过程就是一个不断探索数据特征，建立和检验模型，利用适合的模型来解决实际问题的过程。建立模型是数据挖掘工作的核心环节。数据挖掘中具体使用哪一种算法建模，取决于数据的特征和需要实现的目标。

在建模过程中，把数据分为训练数据和校验数据两类。训练数据主要用于建模过程中求解模型参数，校验数据主要用于模型检验。因此模型检验阶段的主要工作是把检验数据代入已经建立的模型中，观察模型的响应，通过比较模型的响应和真实的数据，评估模型的准确程度。如果模型的准确性比较差，就需要重新进行数据探索、建立新模型，直至新模型检验成功。因此，在实际应用中，数据探索、建立模型、模型检验是反复迭代的过程。

目前，业界探讨较多的数据挖掘建模技术内容主要有自动建模和模型转换两种。

1. 自动建模

自动建模是考查数据挖掘工具是否能够自我优化，从而方便一般用户使用的重要功能指标。在这项功能的帮助下，用户无须深刻了解算法的优缺点，只需利用其灵活的参数设置及其帮助信息来增强建模的效率。虽然自动建模被寄予厚望，但还远未达到让用户运用自如的地步。

2. 模型转换

数据挖掘工具的多样性造成了模型的种类繁多，因此，不同工具生成的模型是否能够共享或者互相转换就成为一大难题。目前，业界正通过对预测模型标记语言（predictive model markup language，PMML）的应用来解决这一问题。利用 XML 描述和存储数据挖掘模型，可以在不同数据挖掘工具之间用于数据挖掘工具开发与训练数据挖掘模型，是一种已经被 W3C 组织接受的标准。

预测模型标记语言支持许多不同的数据挖掘算法，合并了数据转换与描述统计。从标准本身看，对数据仍然具有一定的依赖性，还未真正实现模型与数据的完全分离。

第三节　机器学习技术

本节前面部分对机器学习知识进行讲解,包括机器学习的定义、浅层学习和深度学习、机器学习的发展趋势、机器学习未来应用方向等;中间部分对机器学习分类进行讲解,包括监督学习、无监督学习、半监督学习、强化监督学习等;后面部分对分类和回归知识进行讲解。

考核知识点及能力要求:
- 掌握机器学习的定义。
- 了解机器学习的发展趋势。
- 掌握监督学习、半监督学习、无监督学习和强化学习的定义和特点。
- 了解分类和回归的特点。

一、机器学习概述

机器学习如今已经成为一种众所周知的主流创新技术,它作为人工智能的核心技术,是使计算机具有智能的根本途径。机器学习无疑是当前数据分析领域的热点内容。机器学习已经逐渐在各行各业深入应用,我们可以看到,机器学习与数据治理、工业制造、自动驾驶、医疗健康、智能家居等行业产生了更为紧密的融合,并开始实现大规模的商业应用。

（一）机器学习的定义

机器学习是一门多学科交叉专业,涵盖概率论知识、统计学知识、近似理论知识和复杂算法知识等，使用计算机作为工具并致力于真实、实时地模拟人类学习方式，并将现有内容进行知识结构划分来有效提高学习效率。它专门研究计算机怎样模拟或实现人类的学习行为，以获取新的知识或技能，重新组织已有的知识结构使之不断改善自身的性能。机器学习有以下几种定义：

（1）机器学习是一门人工智能的科学，该领域的主要研究对象是人工智能，特别是如何在经验学习中改善具体算法的性能。

（2）机器学习是对能通过经验自动改进的计算机算法的研究。

（3）机器学习是用数据或以往的经验，优化计算机程序的性能标准。

其实，机器学习跟模式识别、统计学习、数据挖掘、计算机视觉、语音识别、自然语言处理等领域有着很深的联系。从范围上来说，机器学习跟数据分析、数据挖掘是类似的，同时，机器学习与其他领域的处理技术的结合，形成了计算机视觉、语音识别、自然语言处理等交叉学科。因此，一般说数据挖掘时，等同于说机器学习。要注意，我们平常所说的机器学习应用，应该是通用的，不仅仅局限于结构化数据，还有图像、音频等应用。

（二）从浅层学习到深度学习

机器学习的发展并不是一帆风顺的，在 20 世纪 70 年代曾陷入了瓶颈期，而后大数据时代开始，机器学习也在大数据的支持下复兴。因此可以大致将机器学习的理念和运作模式以大数据时代为界分为浅层学习和深度学习。

1. 浅层学习（小数据时代）

1949 年，Donald Hebb 提出的赫布理论解释了学习过程中大脑神经元所发生的变化，赫布理论的诞生标志着机器学习迈出了第一步。1952 年被誉为"机器学习之父"的 Arthur Samuel 设计了一款西洋跳棋程序。这个程序帮助机器观察棋子的走位并构建新的模型以提高自己的下棋技巧。同时，IBM 首次定义并解释了"机器学习"，将其非正式定义为：在不直接针对问题进行编程的情况下，赋予计算机学习能力的一个研究领域。20 世纪 80 年代末开始的 BP 算法可以帮助机器通过大量数据统计整理规律，从而对未知的事件做出推测，当时的感知机只是一种含有一层隐层节点的浅层模型，这个时代的机器学习也因而得名浅层学习。

2. 深度学习（大数据时代）

随着对数据信息的收集和应用逐渐娴熟，对数据的掌控力逐渐提升，"机器学习"在海量数据的支持下攀上了新的高峰，即深度学习。深度学习的实质便是通过海量的数据进行更有效的训练从而获得更精确的分类或预测。

（三）机器学习趋势

将近些年机器学习论文进行统计分析所生成的发展趋势如图4-14所示。

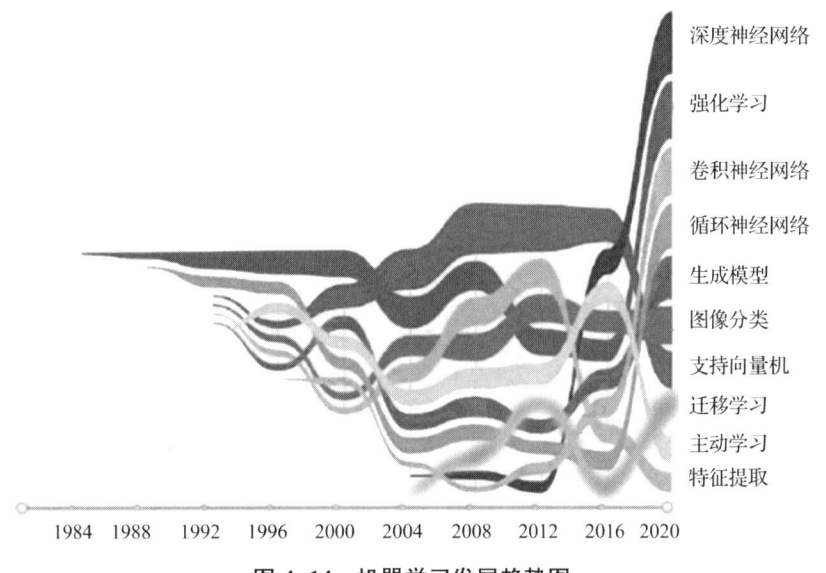

图4-14 机器学习发展趋势图

可以看出，深度神经网络（deep neural network，DNN）、强化学习（reinforcement learning，RL）、卷积神经网络（convolutional neural network，CNN）、循环神经网络（recurrent neural network，RNN）、生成模型（generative model，GM）、图像分类（image classification，IC）、支持向量机（support vector machine，SVM）、迁移学习（transfer learning，TL）、主动学习（active learning，AL）、特征提取（feature extraction，FE）是机器学习的热点研究。以深度神经网络、强化学习为代表的深度学习相关技术研究热度上升很快，近几年仍然是研究热点。

（四）未来应用方向

1. 超自动化

新冠疫情推动了"超自动化"这一概念的出现和发展，该概念也被称为"数字过程自动化"或"智能过程自动化"。它组织几乎所有可以实现自动化的东西（如遗留业务流程）来实现自动化。

机器学习和人工智能是超自动化的关键部分和重要推动力（以及诸如流程自动化工具之类的各种创新）。为了提高效率，超自动化活动不能依赖于静态打包的软件，自动化的业务流程必须能够适应不断变化的条件并应对突发情况。

2. 业务预测与分析

近年来，时间序列分析已经成为主流，并成为近几年的热门模式。通过采用这种策略，行业专家可以在一段时间内收集和筛选数据，然后对这些数据进行检查并用于辅助做出明智的决策。利用不同的数据集进行训练时，机器学习可以给出准确率高达95%的猜想。

可以预期，未来组织应该融合递归神经网络进行更加准确的预测。例如，可以融合机器学习解决方案发现隐藏的模式和进行准确预测。保险公司发现潜在的欺诈就是一个很好的例证。

3. 异常检测

异常检测（anomaly detection）也称为异常分析（outlier analysis），就是从茫茫数据中找到那些"长得不一样"的数据。在未来，异常检测有非常广阔的应用场景，例如：

金融业：从海量数据中找到"欺诈案例"，如信用卡反诈骗、识别虚假信贷；

网络安全：从流量数据中找到"侵入者"，识别新的网络入侵模式；

在线零售：从交易数据中发现"恶意买家"，比如恶意刷评等；

生物基因：从生物数据中检测"病变"或"突变"。

4. 机器学习与物联网

物联网是一个快速发展的细分市场。机器学习正与物联网逐渐交织在一起。例如，正在利用机器学习、人工智能、深度学习使物联网设备和服务更智能、更安全。在任何情况下，由于机器学习和人工智能需要大量的数据才能有效地工作，这两者的优势是双向的，这正是物联网传感器和设备网络所提供的。工业环境中，制造工厂的物联网网络可以收集机器运行和使用性能的各种信息，然后由人工智能系统进行分析，以提高生产系统的性能、生产效率,并预测机器何时需要维护。

5. 汽车领域

目前,许多无人驾驶汽车还处在测试阶段,在公共道路上实现完全自动驾驶的想法还处在探索和尝试阶段,未能真正实现。近几年,自动驾驶已成为传统车企与科技公司关注的热点领域。当自动驾驶汽车在公路上行驶时,必须能够实时响应周围的情况。这意味着通过传感器获取的所有信息必须在汽车中完成处理,而不是提交服务器或云端来进行分析,否则即使是非常短的时间也会造成不可挽回的损失。

因此,机器学习将是汽车数字基础设施的核心,使它能够从观察到的环境中进行学习,汽车能够自动响应现实世界的环境,即时更新地图。

二、机器学习的分类

机器学习有多种分类方法,以按学习模式分类为主流。按学习模式的不同,机器学习可分为监督学习、无监督学习、半监督学习和强化学习,如图4-15所示。

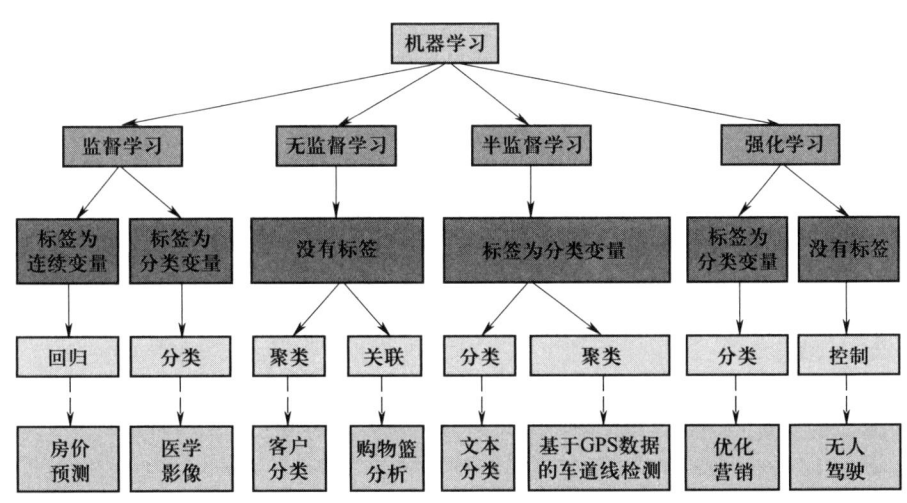

图 4-15 机器学习分类

(一)监督学习

监督学习(supervised learning,SL)是从给定的训练数据集中学习一个函数(模型参数),当新的数据到来时,可以根据这个函数预测结果。监督学习的训练集要求包括输入输出，也可以说是特征和目标。训练集中的目标是由人标注的。

监督学习是最常见的分类问题，通过已有的训练样本（即已知数据及其对应的输出）去训练得到一个最优模型（这个模型属于某个函数的集合，最优表示在某个评价准则下是最佳的），再利用这个模型将所有的输入映射为对应的输出，对输出进行简单的判断从而实现分类的目的。监督学习的目标往往是让计算机去学习我们已经创建好的分类系统（模型）。

监督学习是训练神经网络和决策树的常见技术，后两种技术高度依赖事先确定的分类系统给出的信息。对于神经网络，分类系统利用信息判断网络的错误，然后不断调整网络参数；对于决策树，分类系统用它来判断哪些属性提供了最多的信息。

（二）无监督学习

无监督学习（unsupervised learning，UL）的输入数据没有被标记，也没有确定的结果。样本数据类别未知，需要根据样本间的相似性对样本集进行分类，试图使类内差距最小化、类间差距最大化。通俗地讲就是实际应用中，很多情况下无法预先知道样本的标签，也就是说没有训练样本对应的类别，因而只能从原来没有样本标签的样本集开始学习分类器设计。

无监督学习目标不是告诉计算机怎样做，而是让计算机自己去学习怎样做。无监督学习的方法分为两大类。

（1）基于概率密度函数估计的直接方法，指设法找到各类别在特征空间的分布参数，再进行分类。

（2）基于样本间相似性度量的简洁聚类方法，其原理是设法定出不同类别的核心或初始内核，然后依据样本与核心之间的相似性度量将样本聚集成不同的类别。利用聚类结果，可以提取数据集中隐藏信息，对未来数据进行分类和预测。应用于数据挖掘、模式识别、图像处理等。

（三）半监督学习

半监督学习（semi-supervised learning，SSL）所给的数据有的是有标签的，有的是没有标签的。半监督学习侧重于在有监督的分类算法中加入无标记样本来实现半监

督分类。常见的半监督学习方式有:

(1)直推学习:没有标记的数据是测试数据,这时可以用测试数据进行训练。

(2)归纳学习:没有标签的数据不是测试集。

在实际中,是使用直推学习还是归纳学习主要取决于在训练模型的测试数据是否已经给出。

为了便于理解监督学习、无监督学习、半监督学习,用灰色圆点代表没有标签的数据,其他颜色的圆点代表不同类别的有标签数据,这三种学习的效果如4-16所示。

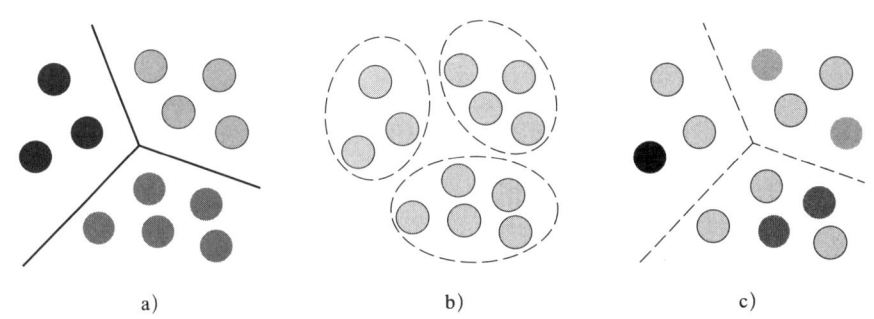

图 4-16 三种学习的效果示意图
a)监督学习 b)无监督学习 c)半监督学习
⬤—灰色

(四)强化学习

强化学习类似于监督学习,但未使用样本数据进行训练,而是通过不断试错进行学习的模式。

在强化学习中,有两个可以进行交互的对象:智能体(agent)和环境(environment);还有四个核心要素:策略(policy)、回报函数(reward function)、价值函数(value function)和环境模型(environment model),其中环境模型是可选的。

强化学习常用于机器人避障、棋牌类游戏、广告和推荐等应用场景。

三、分类和回归

分类与回归是监督学习,分类基本上是用"回归模型"解决的,只是假设的模型不同(损失函数不一样),因为不能把分类标签当作回归问题的输出来解决。其实分类和回归的本质是一样的，都是对输入做出预测，其区别在于输出的类型。可以这样通俗理解：定量输出是回归，或者说是连续变量预测；定性输出是分类，或者说是离散变量预测。

（一）分类

分类任务有很多，比如识别一张图片里的动物是猫还是狗，如图4-17所示。

或者手写数字识别，如图4-18所示。

根据要分类的类别数量分类任务可分为：二分类任务和多分类任务。二分类任务看起来简单，生活中也很常见的，比如判断邮件是否为垃圾邮件、银行判断发给客户信用卡有无风险以及上面的猫狗分类等。而手写数字识别，要识别10个数字，属于多分类任务。可以把很多复杂的问题转换为多分类任务问题。

图4-17 识别图片中的动物是猫还是狗

图4-18 手写数字识别

还有一种更高级的前沿分类任务，可以把一张图片分到多个类别中去，如图4-19所示，图片信息可以分类到女孩、白色裙子、网球拍等类别中去。综合这些信息，我们就可以得到这张图片的语义，明白这张图片描述了一个什么样的场景。

（二）回归

上面讲解的都是分类任务，与数据相对应。还有一种数值连续的数据见表4-2。

图 4-19 把一张图片分到多个类别中

表 4-2　　　　　　　　　　　房屋的条件与价格

房屋面积（m²）	房屋年龄（年）	卧室数量（间）	最近地铁站距离（km）	价格（万元）
80	3	1	5	300
120	8	3	2	500
200	5	4	6	700

表 4-2 中，前面四列是这份数据的特征，也就是房屋的条件，最后一列是这份数据的标签，也就是价格，这个任务的目的是预测房屋的价格。此时价格不能简单地分为几个类别，毕竟买卖房子的人想知道确切的数字。对于这种连续数值的问题，就是回归任务要解决的问题。

回归任务的结果是一个连续数值，而不是一个类别。对于回归问题来说：有些算法只能解决回归问题；有些算法只能解决分类问题；还有一些算法既能解决回归问题，又能解决分类问题，例如，支持向量机（support vector machine，SVM）。

回归任务也有很多常见的场景：房屋价格、市场分析、学生成绩、股票价格。要注意的是，在某些情况下，回归任务可以简化为分类任务。还以无人驾驶为例：方向盘转动的角度是一个连续的数值，是回归任务；如果将转动的每一度看作一个类别，我们就能将回归任务简化为分类任务。

思考题

1. 外挂存储按连接方式可以分为几种？分别是什么？

2. 分布式存储的好处是什么？

3. 简述数据挖掘和数据分析的区别。

4. 常见的商业运营问题，数据挖掘都可以将其转化为哪些方向？分别是什么？

5. 通常一个完整的数据挖掘项目包含哪些流程？

6. 在数据处理方面有三种公认的模型，分别是什么？

7. 数据建模的基本流程包含六个步骤，分别是什么？

8. 机器学习未来的应用方向有哪些？

9. 机器学习按学习模式的不同可以分为几类？分别是什么？

10. 监督学习和无监督学习最大的区别是什么？

11. 识别一张图片里面的动物是鸡还是鸭属于什么分类？

参考文献

［1］天津市机关事业单位工人技术等级岗位培训考核指导中心.职业道德［M］.天津：天津人民出版社，2015.

［2］黄芳.职业道德与法律［M］.北京：电子工业出版社，2015.

［3］秦琬媛，王琪，黄长云.职业道德与法律［M］.长春：吉林人民出版社，2017.

［4］封展旗.员工职业道德［M］.北京：中国电力出版社，2012.

［5］王明哲.职工职业道德教育读本［M］.北京：中国言实出版社，2015.

［6］《保密工作培训教材》编写组.保密工作培训教材［M］.北京：石油工业出版社，2013.

［7］郑瑞平，邹华锋.劳动法［M］.北京：北京交通大学出版社，2016.

［8］邓万里.劳动法原理与实务［M］.上海：复旦大学出版社，2014.

［9］陈雄.安全生产法规［M］.重庆：重庆大学出版社，2019.

［10］谢希仁.计算机网络［M］.8版.北京：电子工业出版社，2021.

［11］王伟旗.自动识别技术及应用［M］.北京：电子工业出版社，2019.

［12］严静茹.浅谈计算机操作系统及其发展［J］.计算机光盘软件与应用，2012（10）：80+82.

［13］高曦.浅谈计算机操作系统的安装技巧［J］.计算机光盘软件与应用，2012（7）：132-133.

［14］李航，陈后金．物联网的关键技术及其应用前景［J］．中国科技论坛，2011（1）：81-85．

［15］王瑞．基于LORA通信的无线水表抄表系统的设计［D］．南昌：东华理工大学，2016．

［16］付玉志．基于ZigBee技术的智慧农业实时采集和远程控制系统［D］．杭州：浙江大学，2015．

［17］周洪波．地下停车场基于Wi-Fi信号的室内定位方法研究［D］．北京：华北电力大学，2021．

［18］刘宝强．物联网的组网技术与应用探讨［J］．数码世界，2020（11）：29-30．

［19］张良均．Python数据分析与挖掘实战［M］．北京：机械工业出版社，2020．

后 记

2022年1月12日，国务院正式发布《"十四五"数字经济发展规划》（以下简称《规划》）。根据《规划》，到2025年，数字经济迈向全面扩展期，数字经济核心产业增加值占GDP比重达到10%。而作为未来数字经济重要底座支撑的物联网新型基础设施建设，《规划》也做了重点布局。伴随国家政策大力支持以及技术逐渐成熟，物联网产业发展的驱动力愈发强劲，发展势头越来越好。据IoT Analytics统计数据显示，2025年中国物联网连接数将增长至309亿。可以预见在"十四五"期间，我国物联网领域会迎来新时代、新态势、新征程。

在"十四五"规划中，物联网被划定为7大数字经济重点产业之一。我国的物联网产业链及市场发展拥有广阔的发展前景，产业正处于蓬勃发展的阶段，需要大量的专业人才提供支撑。

人力资源社会保障部、国家市场监督管理总局、国家统计局在2019年4月正式发布13个新职业，这是自2015年版国家职业分类大典颁布以来发布的首批新职业。这批新职业主要集中在高新技术领域，既有时下热门的物联网工程技术人员、云计算工程技术人员、电子竞技员等，也有适应传统行业变化需求的工业机器人系统操作员、农业经理人等。

以《人力资源社会保障部办公厅　市场监管总局办公厅　统计局办公室关于发布人工智能工程技术人员等职业信息的通知》（人社厅发〔2019〕48号）为依据，在充分考虑科技进步、社会经济发展和产业结构变化对物联网工程技术人员专业要求的基础上，以客观反映物联网技术发展水平对其从业人员的专业能力要求为目标，根据《物联网工程技术人员国家职业技术技能标准（2021年版）》（以下简称《标准》）对物联网工程技术人员职业功能、工作内容、专业能力要求和相关知识要求的描述，人力资源社会保障部专业技术人员管理司指导工业和信息化部教育与考试中心，组织有关专家开展了物联网工程技术人员培训教程（以下简称教程）的编写工作，用于全国专业技术人员新职业培训。

物联网工程技术人员是从事物联网架构、平台、芯片、传感器、智能标签等技术的研究和开发，并加以利用、管理、维护和服务的工程技术人员。其共分为三个专业技术等级，分别为初级、中级、高级。其中，初级、中级分为三个职业方向：物联网嵌入式开发方向、物联网应用开发方向、物联网系统集成与管理方向；高级不分职业方向。

与此相对应，教程也分为初级、中级、高级，分别对应其专业能力考核要求。另外，本系列教程单独设置《物联网工程技术人员——物联网基础知识》，对应其理论知识考核要求。《物联网工程技术人员——物联网基础知识》一书涵盖《标准》中从事本职业人员所需具备的基础知识和基本技能，是开展新职业技术技能培训的必备用书。

在使用本系列教程开展培训时，应当结合培训目标与受众人员的实际水平和专业方向，选用合适的教程。在物联网工程技术人员培训中涉及的基础知识是初级、中级、高级工程技术人员都需要掌握的；初级、中级物联网工程技术人员培训中，可以根据培训目标与受众人员实际，选用物联网嵌入式开发、物联网应用开发、物联网系统集成与管理三个职业方向培训教程的一至三本。培训考核合格后，获得相应证书。

初级教程包含《物联网工程技术人员（初级）——物联网嵌入式开发》《物联网工程技术人员（初级）——物联网应用开发》《物联网工程技术人员（初级）——物联网系统集成与管理》。《物联网工程技术人员（初级）——物联网嵌入式开发》一书内容对应《标准》中物联网初级工程技术人员嵌入式开发职业方向应该具备的专业能力要求；《物联网工程技术人员（初级）——物联网应用开发》一书内容对应《标准》中物联网初级工程技术人员应用开发职业方向应该具备的专业能力要求；《物联网工程技术人员（初级）——物联网系统集成与管理》一书内容对应《标准》中物联网初级工程技术人员系统集成与管理职业方向应该具备的专业能力要求。

本教程读者为大学专科学历（或高等职业学校毕业）以上，具有较强的学习能力、计算能力、表达能力及分析、推理和判断能力，参加全国专业技术人员新职业培训的人员。

物联网工程技术人员需按照《标准》的职业要求参加有关课程培训，完成规定学时，取得学时证明。初级 128 标准学时，中级 128 标准学时，高级 160 标准学时。

本教程编写过程中，得到了人力资源社会保障部、工业和信息化部相关部门的正确领导，得到了一些大学、科研院所、企业的专家学者的大力帮助和指导，同时参考了多方面的文献，吸收了许多专家学者的研究成果，在此表示由衷感谢。

由于编者水平、经验与时间所限，本书的不足与疏漏之处在所难免，恳请广大读者批评与指正。

本书编委会